飞行器动力工程专业系列教材

航空发动机控制系统实践教程

Practice Course in Aeroengine Control Systems

主编　潘慕绚

副主编　周文祥　于　兵　徐建国

科学出版社

北　京

内 容 简 介

本书是一本面向航空发动机控制系统设计的实践教程,结合大量发动机控制系统的设计实践实例,重点介绍航空发动机控制系统的基本概念、航空发动机及其控制系统建模方法、线性控制方法设计、转速控制系统实现方法、数字电子控制器设计和航空发动机控制系统 HIL 仿真等。

本书重点突出航空发动机控制系统研究中建模、控制和设计方法与关键部件设计的结合,在介绍基本理论和方法的基础上,通过详细的实例演示建模与控制方法的实践过程,内容精练,表达明晰,实例丰富,非常适合作为飞行器动力工程专业本科生教材,也可作为本专业及相关专业研究生以及从事航空推进系统控制研究及设计的工程技术人员的参考书。

图书在版编目(CIP)数据

航空发动机控制系统实践教程/潘慕绚主编; 周文祥, 于兵, 徐建国副主编.
—北京: 科学出版社, 2023.7
飞行器动力工程专业系列教材
ISBN 978-7-03-073421-1

Ⅰ.①航… Ⅱ.①潘… ②周… ③于… ④徐… Ⅲ.①航空发动机–控制系统–高等学校–教材 Ⅳ.①V233.7

中国版本图书馆 CIP 数据核字(2022)第 189139 号

责任编辑:李涪汁 李 策 曾佳佳/责任校对:郝璐璐
责任印制:张 伟/封面设计:许 瑞

科 学 出 版 社 出版
北京东黄城根北街 16 号
邮政编码: 100717
http://www.sciencep.com

北京中石油彩色印刷有限责任公司 印刷
科学出版社发行 各地新华书店经销
*
2023 年 7 月第 一 版   开本: 787 × 1092 1/16
2023 年 7 月第一次印刷   印张: 12 1/4
字数: 290 000
定价: 99.00 元
(如有印装质量问题, 我社负责调换)

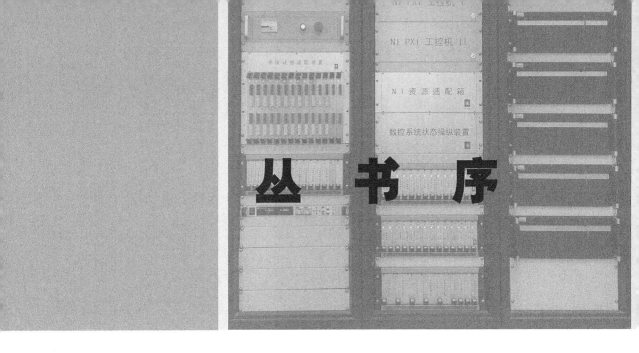

丛 书 序

    作为飞行器的"心脏",航空发动机是技术高度集成和高附加值的科技产品,集中体现了一个国家的工业技术水平,被誉为现代工业皇冠上的明珠。经过几代航空人艰苦卓绝的奋斗,我国航空发动机工业取得了一系列令人瞩目的成就,为我国国防事业发展和国民经济建设做出了重要的贡献。2015 年,李克强总理在《政府工作报告》中明确提出了要实施航空发动机和燃气轮机国家重大专项,自主研制和发展高水平的航空发动机已成为国家战略。2016 年,《中华人民共和国国民经济和社会发展第十三个五年规划纲要》中也明确指出:中国计划实施 100 个重大工程及项目,其中"航空发动机及燃气轮机"位列首位。可以预计,未来相当长的一段时间内,航空发动机技术领域高素质创新人才的培养将是服务国家重大战略需求和国防建设的核心工作之一。

    南京航空航天大学是我国航空发动机高层次人才培养和科学研究的重要基地,为国家培养了近万名航空发动机专门人才。在江苏高校品牌专业一期建设工程的资助下,南京航空航天大学于 2016 年启动了飞行器动力工程专业系列教材的建设工作,旨在使教材内容能够更好地反映当前科学技术水平和适应现代教育教学理念。教材内容涉及航空发动机的学科基础、部件/系统工作原理与设计、整机工作原理与设计、航空发动机工程研制与测试等方面,汇聚了高等院校和航空发动机厂所的理论基础及研发经验,注重设计方法和体系介绍,突出工程应用及能力培养。

    希望本系列教材的出版能够起到服务国家重大需求、服务国防、服务行业的积极作用,为我国航空发动机领域的创新型人才培养和技术进步贡献力量。

南京航空航天大学

2017 年 5 月

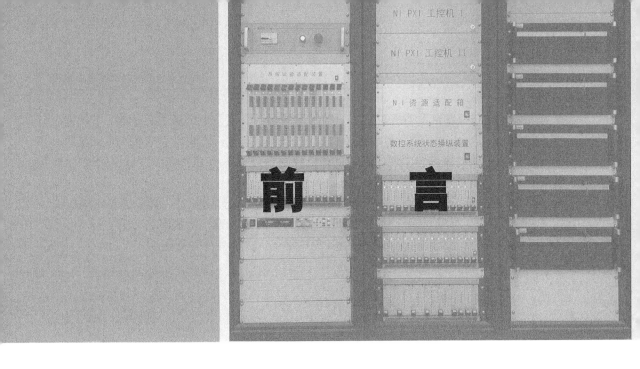

前　言

　　航空发动机作为现代工业皇冠上的明珠，是牵引一个国家工业向高水平发展的重要动力，是国家核心竞争力的重要体现。飞行器动力工程专业是面向航空发动机设计、生产、维修等方向培养和输送高质量科技人才的重要基地。在航空发动机控制这一领域中，面向未来先进发动机研究，需要具备良好的基本科研素养、系统的发动机设计理论与实践经验的综合创新型人才。

　　发动机控制系统设计中最为关键和基础的内容包括发动机建模、控制方法设计、数字电子控制器设计、仿真与验证等。这些内容中都包含了大量的设计与仿真实践内容。因此，本书面向发动机控制系统设计中的实践问题，总结十多年来发动机控制系统领域的教学教研中所开展的设计性实践，同时结合发动机控制系统设计的最新发展，对发动机控制系统设计性实践的相关理论与实践过程进行阐述。

　　本书的特点是实践与理论紧密结合。从控制系统的基本构成和设计中的基本问题入手，以发动机控制系统各个主要组成部分设计中的基本理论和设计过程为主线，理论结合实例，介绍发动机控制系统的功能、结构和组成；发动机及其控制系统非线性模型、线性模型建模过程；发动机控制方法、发动机控制系统的实现与仿真、发动机数字电子控制器及其基本模块设计和发动机硬件在环 (hardware-in-loop, HIL) 仿真中的相关理论、方法和实现过程。

　　全书共 6 章。第 1 章介绍航空发动机控制系统的功能、组成、模型、技术指标，以及航空发动机控制系统设计中的一些关键性基础问题，还有一些常用的仿真方法；第 2 章介绍航空发动机非线性部件级模型、发动机线性模型、传感器模型和执行机构模型，并给出涡喷发动机非线性部件级模型的 VC++ 建模实例和线性模型的 MATLAB 建模实例；第 3 章主要介绍航空发动机 PID 控制系统组成、PID 控制器参数整定方法、PID 参数调度方法，并给出转速 PID 控制的 MATLAB 实例；第 4 章介绍连续系统离散化方法，包含发动机、传感器和执行机构模型的发动机转速控制系统的离散化过程，并给出航空发动机转速控制系统的 MATLAB/Simulink 实例和基于速度位置伺服实验台的转速控制的 LabVIEW

实例；第 5 章介绍航空发动机数字电子控制器的组成，以及传感器信号处理、数据通信原理，并给出温度、压力、转速和串行通信的 Multisim 实例；第 6 章介绍航空发动机控制系统 HIL 仿真系统的组成与功能、航空发动机控制系统 HIL 仿真准备、发动机转速 PID 控制系统 HIL 仿真的 Simulink 实现。

本书由南京航空航天大学潘慕绚、周文祥、于兵、徐建国编写，其中潘慕绚编写第 1、2、4、6 章，周文祥编写第 2 章部分内容，于兵编写第 3 章，徐建国编写第 5 章。

由于作者水平有限，不妥之处在所难免，恳请广大读者不吝指正。

潘慕绚

2022 年 3 月于南京

目　录

第 1 章　绪论 ·· 1

1.1　航空发动机控制系统概述 ··· 1

1.2　航空发动机控制系统设计中的一些问题 ··································· 2

1.3　航空发动机及其控制系统模型 ·· 4

1.4　控制系统性能指标 ··· 6

　　1.4.1　时域性能指标 ·· 6

　　1.4.2　频域性能指标 ·· 7

1.5　控制系统仿真及仿真软件 ·· 9

1.6　本书的主要内容 ··· 13

第 2 章　航空发动机及其控制系统建模与实践 ······························· 15

2.1　航空发动机非线性部件级模型 ·· 15

　　2.1.1　发动机部件级的总体设计 ·· 15

　　2.1.2　模型假设 ·· 16

　　2.1.3　进气道数学模型 ·· 16

　　2.1.4　压气机数学模型 ·· 18

　　2.1.5　燃烧室数学模型 ·· 18

　　2.1.6　涡轮数学模型 ··· 19

　　2.1.7　尾喷管数学模型 ·· 19

2.2　发动机共同工作 ··· 21

　　2.2.1　发动机共同工作方程 ·· 21

　　2.2.2　求解发动机共同工作方程 ·· 22

2.3　传感器模型 ··· 22

2.4　执行机构模型 ·· 24

2.5　涡喷发动机非线性部件级模型的 VC++ 语言实现 ··················· 26

2.5.1　涡喷发动机非线性部件级模型工程建立 ························· 26

2.5.2　进气道数学模型 (CInlet 类) 的实现 ······················· 28

2.5.3　压气机数学模型 (CComp 类) 的实现 ······················ 29

2.5.4　燃烧室数学模型 (CComb 类) 的实现 ······················ 31

2.5.5　涡轮数学模型 (CTurb 类) 的实现 ························· 31

2.5.6　尾喷管数学模型 (CNozzle 类) 的实现 ····················· 33

2.5.7　整机数学模型 (CEngine 类) 的实现 ······················ 33

2.5.8　涡喷发动机非线性部件级模型仿真 ························· 37

2.6　涡喷发动机线性模型的 MATLAB 语言实现 ····················· 38

2.6.1　小扰动法建立涡喷发动机状态变量模型 ····················· 38

2.6.2　涡扇发动机状态变量模型的 MATLAB 语言实现 ················ 39

2.7　小结 ·· 42

习题 ·· 42

第 3 章　航空发动机线性控制方法设计与仿真实践 ······················ 44

3.1　航空发动机控制系统的结构 ··································· 44

3.2　航空发动机模型线性化 ······································· 45

3.3　线性控制器设计方法 ··· 46

3.3.1　PID 控制原理 ··· 47

3.3.2　零极点相消法 ··· 48

3.3.3　无零极点相消法 ······································· 49

3.3.4　根轨迹法 ··· 50

3.3.5　频率响应法 ··· 53

3.3.6　参数整定法 ··· 55

3.4　参数调度方法 ··· 58

3.5　航空发动机 PID 控制器的 MATLAB 实现 ····················· 59

3.6　小结 ··· 64

习题 ·· 64

第 4 章　航空发动机转速控制系统实现与实践 ························· 65

4.1　连续系统离散化方法 ··· 65

4.2　基于 z 变换的航空发动机转速控制系统离散化 ··············· 67

4.3　航空发动机转速控制系统的 Simulink 实现与实践 ············· 70

4.3.1　被控对象 ··· 70

4.3.2　串联 PI 控制器校正设计 ······························· 70

4.3.3　设计实例 ··· 71

4.3.4　Simulink 仿真实例 ····································· 72

4.4　航空发动机转速控制模拟实验系统实例 ······················· 79

4.4.1　航空发动机转速控制模拟实验系统 ······················· 79

4.4.2　基于 Visual Studio 的航空发动机转速控制数字仿真实例 ········ 81

　　　4.4.3　基于 Visual Studio 的航空发动机转速控制实现实例·······················100
　4.5　小结···113
　习题···114
第 5 章　航空发动机数字电子控制器设计实践···115
　5.1　航空发动机数字电子控制器的组成···115
　5.2　传感器及其信号调理电路···116
　　　5.2.1　温度传感器···117
　　　5.2.2　转速传感器···119
　5.3　信号调理电路 Multisim 设计实例··122
　　　5.3.1　Multisim 软件安装···122
　　　5.3.2　热电偶信号调理电路···124
　　　5.3.3　转速信号调理电路···131
　5.4　RS-232C 串行通信原理···134
　5.5　RS-232C 通信程序设计及仿真···135
　　　5.5.1　VSPD 虚拟串口安装及设置···135
　　　5.5.2　串口调试助手应用···141
　　　5.5.3　MATLAB 环境下串口编程介绍···144
　　　5.5.4　串口通信程序实例···144
　5.6　小结···154
　习题···154
第 6 章　航空发动机控制系统 HIL 仿真实践··155
　6.1　航空发动机 HIL 仿真系统组成···155
　6.2　发动机转速 PID 控制系统 HIL 仿真的 Simulink 实现·······························157
　6.3　小结···167
　习题···168
主要参考文献···169
附录···171

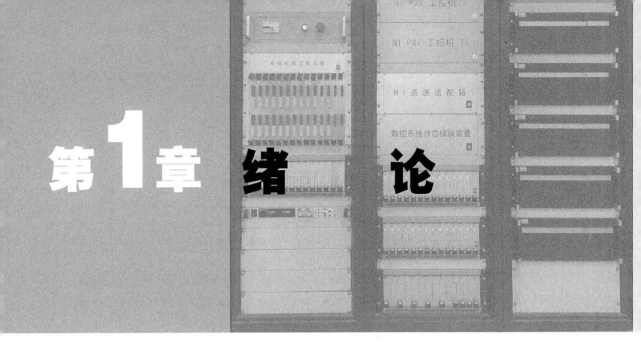

第1章 绪 论

1.1 航空发动机控制系统概述

控制是在充满可能性的世界中，通过人的主动选择使得被控对象按照某种可能性发展，并获得既定的结果，如使系统稳定、线性、具有既定性能、可靠、经济。控制系统指的是使机器 (被控系统) 按照预期要求运行、达到预期性能的系统。控制论之父诺伯特·维纳在其著作《控制论：或关于在动物和机器中控制和通信的科学》中指出，目的性行为中反馈控制是其灵魂。广义上来看，当今自动化、智能化程度的扩展与深化，使得控制系统成为复杂系统中必不可少的组成部分，是保证系统完成其既定功能的重要手段。

航空发动机是人类历史上迄今为止创造出的最复杂的工业产品之一。它在高温、高压、强振动、强电磁干扰的极端恶劣环境下可以安全可靠地工作，并且为飞行器提供需要的推力，常需要保证它的某些物理量 (如转速、温度、压力、压比、导叶角度、尾喷管面积等) 按照设定的规律变化，并达到期望的性能 (如稳定性、快速性、准确性等)。要满足这种需求，就需要外界的主动干预，也就是要对航空发动机进行控制，一方面使得所要求的物理量按照设定的规律变化，另一方面消除其他干扰的影响。

系统控制通常包括开环控制和闭环控制两类，它们的基本结构如图 1.1 所示。其中，u 为控制量，y 为被控对象输出量，r 为指令 (期望输出量)，误差量 (偏差量) 为 e，$e = r - y$。开环控制中将控制量 u 输送给被控对象，调整被控对象的输出量 y。闭环控制也称为反馈控制，相对于开环控制，其增加了一个反馈通路，即将被控对象输出量 y 返回至控制器输入端，与期望输出量 r 相比较，得到偏差量 e，控制器根据偏差量 e，按照某种规则 (控制算法) 计算控制量 u。本书主要讨论的是闭环控制，如不进行特殊说明，所述控制系统均为闭环控制系统。

由图 1.1(b) 所示的简单控制系统可知，控制系统从结构上来看包括被控对象、控制器、反馈环节等。系统的信号一般由指令 (期望输出量)r、被控对象输出量 y、控制量 u、偏差量 e 组成。

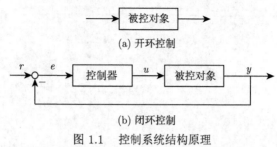

(a) 开环控制

(b) 闭环控制

图 1.1 控制系统结构原理

以航空发动机转速控制系统为例，由图 1.2 可知，该系统由以下五个环节组成：

(1) 发动机转速系统，其以主燃油流量 W_f 为控制量，发动机转速 n_e 为输出，通过 W_f 调节 n_e。

(2) 燃油调节器，控制器计算的数字量形式的主燃油流量指令 W_{fd} 为输入，模拟量形式的主燃油流量 W_f 为输出。

(3) 磁感探头 (转速敏感元件)，它的输入为发动机转速 n_e，输出为频率信号 f_n。

(4) 控制器，它的输入为偏差 $e_n = n_r - n_{ed}$，输出为主燃油流量指令 W_{fd}，其中 n_r 为指令转速，也称为期望转速。

(5) 量纲变换环节的作用是将磁感探头输出的频率信号 f_n 变换为转速信号 n_{ed}，通常在数字电子控制系统中，这个功能是由数字电子控制器完成的，因此 n_{ed} 是一个数字量，其数值大小与 n_e 相同。这些组成部分按照图中关系连接后，信息依据箭头方向传输，从而实现发动机转速控制功能。这里需要指出的是，各个环节的输入与输出之间关系的数学模型，将在 1.3 节中详细说明。

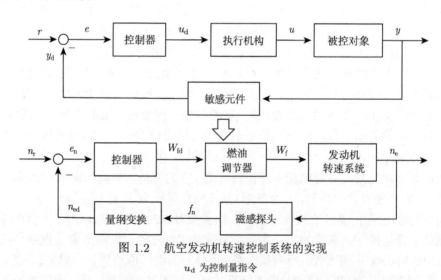

图 1.2 航空发动机转速控制系统的实现

u_d 为控制量指令

1.2 航空发动机控制系统设计中的一些问题

航空发动机控制系统研制是一项系统工程，具有典型的 V 型特征，它包括设计和验证过程，具体包括控制系统需求分析、系统级分析与设计、部件级分析与设计、部件试制、部件级测试与验证、系统级综合与验证和发动机试验与验证等。航空发动机研制过程如图 1.3 所示。

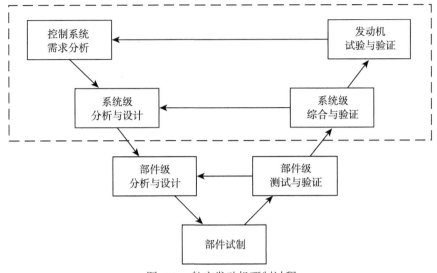

图 1.3　航空发动机研制过程

　　由图 1.3 可知，系统级分析与设计和试验验证是密不可分的，它们使得航空发动机研制过程呈现迭代发展的特点。本科阶段的发动机控制相关学习主要集中在系统及主要部件的分析设计。例如，依托《现代航空动力装置控制 (第 3 版)》开展的发动机控制原理课程学习中，主要介绍了航空发动机控制计划、数学模型、状态控制、泵与燃油系统、阀与执行机构、测量元件、数字电子控制器等内容。其中，航空发动机数学模型、状态控制属于控制系统分析与设计，泵、阀、测量元件、数字电子控制器属于部件分析与设计。

　　航空发动机控制系统分析设计通常包括以下 9 个主要步骤：

　　(1) 明确航空发动机的控制目标，设计控制系统结构组成，确定测量元件和执行机构的类型，以及它们放置的位置；

　　(2) 建立被控系统模型，包括航空发动机、执行机构、传感器的模型；

　　(3) 若有需要，则对模型进行简化；

　　(4) 分析所建立的模型，确定其性质；

　　(5) 根据控制目标，确定被控制对象的性能指标；

　　(6) 确定所采用的控制器类型；

　　(7) 判断设计的控制器是否满足性能指标，若不满足，则应修改性能指标或者修改控制器类型；

　　(8) 在计算机或者物理模型上仿真发动机控制系统，包括计算机仿真、硬件在环仿真和半物理仿真，若不能满足性能指标要求，则从步骤 (1) 重新开始；

　　(9) 选择硬件和软件实现控制。

　　由上述步骤可知，在航空发动机控制系统分析和设计过程中，需要航空发动机及其控制系统模型、性能指标和仿真参数等。下面介绍航空发动机及其控制系统模型、控制系统性能指标和控制系统仿真及仿真软件。

1.3　航空发动机及其控制系统模型

在设计研究航空发动机控制系统过程中，建立系统数学模型是必不可少的工作。数学模型是变量之间关系的数学表达。本节主要介绍航空发动机、执行机构、传感器和控制器的数学模型。围绕后续实践需求，涉及的数学模型包括代数方程、微分方程、传递函数和差分方程。

1) 代数方程

代数方程也称为多项式形式的方程，它是表示数量之间关系的数学模型。因此，采用代数方程描述系统，仅可以表征变量之间数量上的对应关系，而不能表征变量随时间变化时相互之间的关系，即动态特性。

对于一个系统，假设 x 为输入，y 为输出，则它的代数方程形式的输入-输出数学模型可以表示为

$$y = a_n x^n + a_{n-1} x^{n-1} + \cdots + a_1 x + a_0 \tag{1.1}$$

式中，$a_i (i = 1, 2, \cdots, n)$ 为实数。对于图 1.2 中的磁感探头，它的输入是发动机转速 n_e，输出为频率信号 f_n，则磁感探头的数学模型为

$$f_n = a_1 n_e \tag{1.2}$$

需要指出的是，系统代数方程数学模型的结构 (多项式阶次) 和参数 (多项式系数) 由系统的工作原理和特性决定。

2) 微分方程

微分方程是由自变量、未知函数和未知函数导数构成的方程，它表示变量随时间变化时相互之间的关系。微分方程通常包括常微分方程 (ordinary differential equation，ODE) 和偏微分方程，本节主要讨论常微分方程。常微分方程是指未知函数是一元函数的微分方程，是在时域内描述系统动态性能的数学模型。对于一个系统，假设 $u(t)$ 为输入，$y(t)$ 为输出，则它的 n 阶微分方程形式的输入-输出数学模型为

$$a_0 \frac{\mathrm{d}^n y(t)}{\mathrm{d}t^n} + a_1 \frac{\mathrm{d}^{n-1} y(t)}{\mathrm{d}t^{n-1}} + \cdots + a_n y(t) = b_0 \frac{\mathrm{d}^m u(t)}{\mathrm{d}t^m} + b_1 \frac{\mathrm{d}^{m-1} u(t)}{\mathrm{d}t^{m-1}} + \cdots + b_m u(t) \tag{1.3}$$

式中，a_i、$b_j (i = 0, 1, \cdots, n; j = 0, 1, \cdots, m)$ 均为实数，通常 $m \leqslant n$。对于图 1.2 中的发动机转速系统，它的输入是主燃油流量 W_f，输出是发动机转速 n_e。发动机转子是一个典型的转动惯性系统，通常用一阶微分方程描述，它的数学模型为

$$a_{n-1} \frac{\mathrm{d}n_e(t)}{\mathrm{d}t} + a_n n_e(t) = b_m W_f(t) \tag{1.4}$$

式中，系数 a_i 和 b_j 均由系统的结构及其特性决定。

3) 传递函数

对于微分方程 (1.3) 表示的系统输入-输出数学模型，在给定初始条件和输入的情况下，利用解析法或者数值求解方法，可以借助计算机快速准确地求解该微分方程并得到输出，也称为输出响应。但是，当系统结构改变或者某个参数变化时，求解将变得复杂。采用拉普拉斯变换，可以将微分方程转化为复数域中的代数方程，即传递函数，使得系统的分析、设计与求解变得更加便捷。

传递函数是在零初始条件下，系统输出量 $y(t)$ 的拉普拉斯变换与输入量 $u(t)$ 的拉普拉斯变换之比。对于式 (1.3) 所示的系统，它的传递函数为

$$G(s) = \frac{Y(s)}{U(s)} = \frac{b_0 s^m + b_1 s^{m-1} + \cdots + b_m}{a_0 s^n + a_1 s^{n-1} + \cdots + a_n} \tag{1.5}$$

式中，s 为复数变量。当 $n = i$ 时，称为 i 阶系统。本书涉及的传递函数模型，通常 $n = 0, 1, 2, 3$，即 $0\sim3$ 阶系统。在零初始条件下，式 (1.4) 所示的发动机转速系统传递函数为

$$G_{\mathrm{e}}(s) = \frac{N_{\mathrm{e}}(s)}{W_{\mathrm{f}}(s)} = \frac{b_m}{a_{n-1} s + a_n} \tag{1.6}$$

由式 (1.4) 和式 (1.6) 可知，拉普拉斯变换将微分方程数学模型转换为关于复数变量 s 的代数形式。

4) 差分方程

设已知函数

$$y(t) = f(t) \tag{1.7}$$

定义一阶差分 $\Delta y_t = f(t + \Delta t) - f(t)$。假设 $t = k\Delta t$，则 $\Delta y_k = f[(k+1)\Delta t] - f(k\Delta t)$。在不引起歧义的情况下省略 Δt，差分可以写为

$$\begin{aligned} \Delta y_k &= f(k+1) - f(k) \\ &= y_{k+1} - y_k \end{aligned} \tag{1.8}$$

也称为向前一阶差分，简称一阶差分。

$$\begin{aligned} \Delta y_k &= f(k) - f(k-1) \\ &= y_k - y_{k-1} \end{aligned} \tag{1.9}$$

称为向后一阶差分。二阶差分为

$$\begin{aligned} \Delta^2 y_k &= \Delta y_{k+1} - \Delta y_k \\ &= y_{k+2} - 2y_{k+1} + y_k \end{aligned} \tag{1.10}$$

差分方程包含自变量、未知函数及其各阶差分，可以表示为

$$a_0 y_{k+n} + a_1 y_{k+n-1} + \cdots + a_n y_k = u(t) \tag{1.11}$$

当 $a_0 \neq 0$ 时，称式 (1.11) 为 n 阶差分方程。差分方程是描述离散系统的数学模型，式 (1.8) 可以看成式 (1.7) 连续系统经过离散化得到的结果，其中 Δt 为离散化时的采样周期，因此差分方程适用于数字计算机的求解。微分方程经过离散化后可以转化为差分方程，从而为微分方程的数值求解提供一个有力的数学工具。

将向前差分引入式 (1.4)，利用一阶差分近似一阶微分，并将式 (1.4) 离散化，则发动机转速系统一阶微分方程数学模型可以近似为

$$a_{n-1} \frac{n_{\mathrm{e},k+1} - n_{\mathrm{e},k}}{\Delta t} + a_n n_{\mathrm{e},k} = b_m W_{\mathrm{f},k} \tag{1.12}$$

整理后有

$$n_{\mathrm{e},k+1} = \left(1 - \frac{a_n}{a_{n-1}} \Delta t\right) n_{\mathrm{e},k} + \left(\frac{b_m}{a_{n-1}} \Delta t\right) W_{\mathrm{f},k} \tag{1.13}$$

式 (1.13) 为发动机转速系统差分方程数学模型。

第 2 章中发动机部件级模型以代数方程和微分方程为主，控制系统中的传感器模型、执行机构模型、控制器模型将涉及代数方程、微分方程、传递函数和差分方程，它们的具体形式将在后续章节进行详细介绍。

1.4　控制系统性能指标

控制系统性能指标是分析设计控制系统、评价系统性能优劣必不可少的指标参数。控制系统数学模型包括时域数学模型和频域数学模型，因此可以在时域和频域中分析系统性能，存在时域性能指标和频域性能指标。

1.4.1　时域性能指标

时域性能指标是一类直接在时域中分析评价系统性能的指标参数，具有直观、准确、种类丰富等优点，综合不同时域的性能指标，可以全面评价控制系统的性能，因此其是控制系统分析中最为常用的性能指标，也是本节介绍的性能指标中的重点。

时域中，在典型输入信号的作用下，任何一个控制系统的时间响应都由动态过程和稳态过程构成。动态过程是系统输出量从初始状态到最终状态的响应过程，稳态过程是当时间 t 趋于无穷时，系统输出量的表现方式。时域性能指标分为动态性能指标和稳态性能指标两类，分别用于评价系统动态过程和稳态过程。

1. 动态性能指标

阶跃输入对一个系统而言是最严苛的工作状态，若系统在阶跃输入下的动态性能满足要求，则系统在其他输入下的动态性能也一定能满足要求。稳定的系统在单位阶跃输入下，描述它的动态过程随时间变化情况的指标参数，称为动态性能指标。图 1.4 给出了欠阻尼线性系统处于静止状态时，在单位阶跃输入下系统输出响应曲线，根据曲线定义以下动态性能指标。

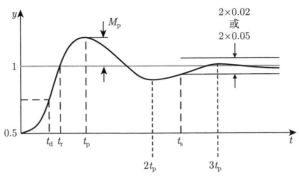

图 1.4　动态性能指标

(1) 延迟时间 (delay time)t_d：输出达到终值 50% 所需时间。

(2) 上升时间 (rise time)t_r：具有两个定义，即输出第一次达到终值所需时间，以及输出从终值的 10%(5%) 上升到 90%(95%) 所需时间。

(3) 峰值时间 (peak time)t_p：输出第一次达到最大值 (第一个超调的最大值) 所需时间。

(4) 超调量 (overshoot)$\sigma\%$：输出量最大值和终值的偏差与输出终值的百分比，即

$$\sigma\% = \frac{y\left(t_p\right) - y_\infty}{y_\infty} \times 100\% \tag{1.14}$$

(5) 调节时间 (settling time)t_s：输出进入并此后保持在其终值 2% 或 5% 的带宽内所需时间。

2. 稳态性能指标

稳态误差 (steady-state error)e_{ss}，是描述系统稳态性能、表征系统控制精度的一种性能指标，它是指在时间区域无穷时，实际输出与理想输出之间的偏差，通常是在输入阶跃、斜坡和加速度后，计算系统的稳态误差。若已知图 1.1(b) 的闭环控制系统误差 $e(t)$ 的拉普拉斯变换 $E(s)$，则根据终值定理可计算系统稳态误差为

$$e_{ss} = \lim_{t \to \infty} e(t) = \lim_{s \to 0} sE(s) \tag{1.15}$$

1.4.2　频域性能指标

设闭环控制系统的传递函数为 $\Phi(s)$，令 $s = j\omega$，定义谐波输入如下：

$$\Phi(j\omega) = |\Phi(j\omega)| \, e^{j\angle \Phi(j\omega)} = A(\omega)e^{j\varphi(\omega)} \tag{1.16}$$

式中，$A(\omega) = |\Phi(j\omega)|$ 为幅频特性；$\angle \Phi(j\omega) = \varphi(\omega)$ 为相频特性。绘制 $\Phi(j\omega)$ 的幅频特性曲线如图 1.5 所示。由图引出下列闭环系统常用的频域性能指标。

(1) 谐振峰值 (resonant peak)M_r：$A(\omega)$ 的最大值，即 $M_r = \max\limits_{\omega} A(\omega)$。

(2) 谐振频率 (resonant frequency)ω_r：谐振峰值 M_r 处的频率。

(3) 带宽频率 (bandwidth frequency)ω_b：$|\Phi(j\omega)| = 1/\sqrt{2} \, |\Phi(j0)|$ 时所对应的频率，即幅频特性 $|\Phi(j\omega)|$ 下降到 $-3\mathrm{dB}$ 时的频率。

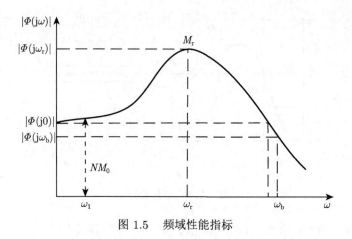

图 1.5　频域性能指标

对于式 (1.5) 中的一阶和二阶系统 $(i = 1, 2)$，表示为

$$\begin{cases} \varPhi(s) = \dfrac{1}{Ts + 1}(\text{一阶系统}) \\[3mm] \varPhi(s) = \dfrac{\omega_{\mathrm{n}}^2}{s^2 + 2\zeta\omega_{\mathrm{n}}s + \omega_{\mathrm{n}}^2}(\text{二阶系统}) \end{cases} \tag{1.17}$$

式中，T 为一阶系统时间常数；ζ 为二阶系统阻尼比；ω_{n} 为二阶系统自然频率。

对于一阶系统，有

$$\begin{cases} \sigma\% = 0 \\[2mm] t_{\mathrm{s}} = 3T \end{cases} \tag{1.18}$$

对于二阶系统，有

$$\begin{cases} \sigma\% = \mathrm{e}^{\frac{-\pi\zeta}{\sqrt{1-\zeta^2}}} \times 100\% \\[3mm] t_{\mathrm{s}} = \dfrac{3.5}{\zeta\omega_{\mathrm{n}}} \end{cases} \tag{1.19}$$

时域性能指标和频域性能指标具有以下对应关系：

$$\begin{cases} \omega_{\mathrm{b}} = \dfrac{1}{T}(\text{一阶系统}) \\[3mm] \omega_{\mathrm{b}} = \omega_{\mathrm{n}} \left[(1 - 2\zeta^2) + \sqrt{(1 - 2\zeta^2)^2 + 1} \right]^{\frac{1}{2}} (\text{二阶系统}) \\[3mm] M_{\mathrm{r}} = \dfrac{1}{2\zeta\sqrt{1 - \zeta^2}}, \quad \zeta \leqslant 0.707(\text{二阶系统}) \\[3mm] \omega_{\mathrm{r}} = \omega_{\mathrm{n}}\sqrt{1 - 2\zeta^2}, \quad \zeta \leqslant 0.707(\text{二阶系统}) \end{cases} \tag{1.20}$$

对于高阶系统，时域性能指标和频域性能指标间难以建立对应解析表达，两者之间具有定性关系。谐振峰值反映系统相对稳定性，M_{r} 较大时，系统的阶跃响应将出现超调和振荡，M_{r} 过大则会导致超调 $\sigma\%$ 增加，系统不稳定。谐振频率反映动态响应速度，ω_{r} 越大，响应速度越快，峰值时间 t_p 越短。通常情况下，带宽的频率范围为 $0 \leqslant \omega \leqslant \omega_b$。带宽越宽，系统允许通过的频率越宽，复现输入信号的能力越强，系统响应速度越快，上升时间 t_r 越短，但是对高频噪声的滤波能力就越差，因此设计系统时需要折中考虑信号复现和高频噪声抑制，应选择合适的带宽，并非带宽越大越好。通过定性分析可知，高阶系统的时域性能指标和频域性能指标可以采用 MATLAB 软件包进行求取。

1.5　控制系统仿真及仿真软件

1978 年，Korn 在《连续系统仿真》中定义"仿真"为"用能代表所研究系统的模型做试验"，简单地说就是用模型进行试验。仿真在控制系统研制中具有显著的优势。在控制系统设计阶段，真实系统尚未完成时，通过模型可以更准确地了解系统的特性，避免因控制系统尚不成熟，在其上进行试验可能引起的破坏和故障，降低设计风险。此外，利用模型可以进行反复试验，寻找最优控制结果。相对于直接在真实系统中试验，仿真可以大大缩短设计周期，降低费用。随着数字计算机技术和基于此的数字仿真技术的飞速发展，仿真的优点越来越突出，仿真技术广泛应用于国防领域，包括航空、航天、各种武器系统的研制，并成为航空发动机控制系统研制中不可或缺的环节。

仿真技术分为物理仿真和数学仿真。物理仿真是指在物理模型上进行试验。这些物理模型通常是根据几何比例相似原理而制成的，如飞行器模型、水池中的舰艇模型、一个战场的沙盘等。物理仿真的最大优点是能够最大限度直观、形象地反映系统的物理本质，它的不足是构造物理模型所需的费用高、周期长、技术复杂、仿真效率低，且不利于面向优化的仿真研究。

随着计算机的产生和发展，仿真技术发展到数学仿真，它指的是系统的数学模型在计算机上运行的过程。根据所运行的计算机不同，仿真又可分为模拟计算机仿真和数字计算机仿真。数学模型在模拟计算机中运行时，计算是并行的、连续的，因此仿真中运算速度高，更接近实际的连续系统。然而模拟计算机的计算精度低，对一些复杂非线性环节等的模拟困难且不能保证精度，难以实现逻辑判断环节，仿真的自动化程度低，这些不足使得模拟仿真的应用受到制约。数字仿真所依赖的数字计算机运算精度远高于模拟计算机，基于离散化理论能够方便地实现复杂非线性环节的计算和逻辑判断。此外，仿真模型本质上是一组基于仿真软件的程序代码，因此通过修改程序代码能够方便地修改仿真参数，使得仿真实验过程调整十分便捷。本书所涉及的发动机控制系统仿真均为数字计算机仿真，简称发动机控制系统数字仿真。

在数字计算机上开展发动机控制系统试验时，往往需要仿真技术人员利用计算机语言编写数值计算程序，模拟试验运行过程。例如，针对图 1.2 所示的航空发动机转速控制系统，在输入转速阶跃指令后，求解发动机在比例-积分-微分 (proportion-integral-differential, PID) 控制器作用下，发动机转速变化 (也称为转速响应)。这一过程的仿真，需要设计人员编写一段求解 PID 控制器、燃油调节器、发动机转速控制系统微分方程的程序，利用计算机求解出转速响应后，编写一个画图程序，将获得的转速数据绘制为曲线。这样一个简单的过程，需要花费大量的时间，大大降低了仿真开发者和学习者的效率。针对这个问题，学者和工程师针对不同领域的数字仿真需求开发了不同的仿真软件，从而大大提高了仿真设计和学习的便捷性。

航空发动机控制系统称为全权限数字电子控制 (full authority digital electronic control, FADEC) 系统，是典型的数字电子控制系统，它的设计过程包括发动机模型建立、控制方法设计、数字电子控制器 (digital electronic control, DEC) 硬件设计等。这些建模与设计中所涉及的仿真软件不尽相同，本节简要介绍 FADEC 仿真过程中主要涉及的仿真软件 (Microsoft Visual C++、MATLAB/Simulink、SCILAB、Multisim、Verilog HDL) 及仿真技术。其中，Microsoft Visual C++(简称 Visual C++ 或 VC++) 主要应用于第 2 章航空发动机非线性部件级模型建模中；MATLAB/Simulink 和 SCILAB 主要面向控制系统数值计算与仿真，本节重点介绍前者的应用与实践；Multisim 和 Verilog HDL 主要面向控制器硬件系统和模块设计，本节重点介绍基于 Multisim 的硬件功能模块设计与实践。

1. VC++

VC++ 是 20 世纪 90 年代微软公司推出的 Windows 应用程序开发平台，迄今已成为程序设计者、大专院校学生开展程序设计的首选软件之一。VC++ 提供了一个可视化集成编程环境，能够自动生成 Windows 应用程序的共有部分，从而程序设计者直接进入相关功能对应的模块进行程序代码编制，简化了 Windows 应用程序开发过程，提高了程序设计效率。丰富的类库和方法为程序设计提供了灵活性。

VC++ 的可视化、面向对象的开发环境提供开发 C 和 C++ 应用程序的各种功能。应用程序的开发包括建立、编辑、浏览、调试等操作。此外，VC++ 还提供项目工作区 (workspace)、应用程序向导 (app wizard)、类向导 (class vizard) 等实用编程工具，帮助使用者快速建立应用程序、类等文件，查看工程及其包含的各类文件。VC++ 还包含 Microsoft Foundation Class(MFC) 类库，用于处理许多标准的 Windows 编程任务，对初学者而言最常用的是应用程序框架，包括建立文档类型或者基于对话框的应用程序、应用文件的数据库支持方式、应用程序外观特征等。基于 VC++ 设计的应用程序采用消息映射机制，即将消息处理函数与其要处理的特定消息相连接，这是其程序设计与运行的一个主要特点。这些消息包括标准 Windows 消息、控件消息和命令消息。常见的标准 Windows 消息有键盘消息、鼠标消息、窗口消息等；常见的控件消息如用户修改编辑框中文本时，编辑框发送给父窗口的消息；常见命令消息如菜单项、工具栏按钮、快捷键等用户界面对象发出的消息。VC++ 还提供了丰富的程序调试工具，包括语法错误查找、调试器、跟踪调试程序、MFC 调试宏等。VC++ 大大提高了程序设计与开发的效率和正确率。

本书第 2 章中的航空发动机非线性部件级模型建模就是采用 VC++ 完成的。基于面向对象程序构架显著提高了模型程序代码的重用率，降低了各个部件所对应的程序之间的耦合，程序结构清晰，可读性、可扩展性与维护性强。

2. MATLAB

MATLAB/Simulink 是 MathWorks 公司推出的一种功能强大的商业仿真软件，它包括 MATLAB 和 Simulink 两部分。MATLAB 是编程和数值计算平台，它的功能包括数据分析、数据可视化、算法开发、app 构建、与其他语言结合使用、连接硬件并仿真、并行计算、云计算等。基于这些功能，MATLAB 可应用于控制系统设计、测试与实现、机器学习、信号处理、深度学习、预测性维护、图像处理与计算机视觉、机器人、无线通信等。MATLAB 提供两种数值计算方式，第一种是基于它的桌面平台，在命令窗口 (command window) 中输入计算指令，完成相对简单的计算；第二种是基于脚本语言编写的 M 文件，通过执行 M 文件完成相对复杂的系统数值计算。

基于 M 文件脚本程序本质上是面向过程的仿真程序开发环境，与其相比，Simulink 是一个基于模块化图形的仿真环境，可适用于基于模型的设计、仿真、软件开发等。例如，在基于模型设计中，使用虚拟模型在开发早期进行系统仿真和测试，使用物理模型、硬件在环测试和快速原型确认设计，通过 Simulink 产生产品级的 C、C++、Verilog HDL 和 VHDL 等代码，进而直接部署到嵌入式系统中。在仿真中，Simulink 中能够使用可重用组件和库 (包括第三方建模工具) 仿真大型系统模型，为桌面仿真、实时仿真和硬件在环测试提供仿真模型。紧随网络技术发展，Simulink 能够实现多核桌面、集群和云上大型仿真，这为复杂系统设计提供了更强大的仿真计算能力。本书第 4 章涉及基于 Simulink 的控制系统仿真设计。

面向不同应用的设计与仿真，MATLAB 提供了专门的、丰富的工具箱 (toolbox)，它们是用 MATLAB 脚本语言编写的计算函数或者其组合。与控制相关的工具箱主要有 6 个，分别为控制系统工具箱 (control system toolbox)、系统辨识工具箱 (system identification toolbox)、模型预测工具箱 (model predictive toolbox)、鲁棒控制工具箱 (robust control toolbox)、神经网络工具箱 (neural network toolbox) 和模糊逻辑工具箱 (fuzzy logic toolbox)。本书所设计的实践主要涉及控制系统工具箱。控制系统工具箱主要用于连续系统与离散系统设计、基于传递函数和状态空间的设计、模型转换、频率响应分析、时域响应分析、根轨迹和极点配置等，并为实现这些领域的仿真提供了丰富的功能函数。MATLAB 工具箱提供的函数在桌面平台、M 文件和 Simulink 中均可调用执行。

3. SCILAB

SCILAB 是 Science Laboratory 两个词头结合的结果，它是以法国国家信息与自动化研究所 (Institut National de Recherche en Informatique et en Automatique, INRIA) 的科学家为主开发的科学计算软件，能够为应用设计服务，具有商业计算软件 MATLAB、MAPLE 类似的科学基础计算能力，但是 SCILAB 完全开放源代码，吸引了各国科学家和教育工作者合作开发。

SCILAB 可以作为脚本语言进行控制算法测试或者数值计算，同时它也是一种编程语言，具有 2000 多种 SCILAB 函数。矩阵是科学计算的基础，SCILAB 的语法简单，具有相关专用函数和运算符，使得矩阵、线性代数、数值积分和最优化等数值计算变得简单便捷。因此，SCILAB 程序紧凑，通常比 C、C++、Java 等语言编写的程序要短小精练。SCILAB 具有很好的扩展性，利用静态或动态链接库可以从 SCILAB 外部向其引入新的功能函数，也可以使用 SCILAB 结构体定义新的数据类型，对其加载标准操作。SCILAB 官网提供了大量开源的工具箱来扩展它的一些特殊功能。同时，SCILAB 提供了大量可视化函数，可以实现二维图形、三维图形、参数化图形以及动画的绘制，并以 gif、postscript、postscript-latex、xfig 等格式输出。利用 SCILAB 提供的用户接口函数或者 Tcl/Tk 界面可以开发复杂的用户图形接口，提高用户交互的友好性。

为了支持上述功能，SCILAB 包含大约 13000 个文件，如科学计算的基本函数、线性代数和稀疏矩阵等，多项式和有理函数、经典控制/鲁棒控制和线性矩阵不等式 (linear matrix inequality，LMI) 的优化，非线性方法、信号处理、随机抽样和统计、图表算法和可视化、图形和动画，以及基于并行虚拟机 (parallel virtual machine，PVM) 的并行操作、SCILAB 与 MATLAB 的转换等。其中，非线性方法包含最优化、常微分方程和微分代数方程 (differential algebraic equation，DAE) 解算器，以及用于动态系统建模与仿真的工具箱 Scicos 等。本书虽然主要介绍基于 MATLAB 的仿真与实践，但对于控制系统仿真教学与研究，SCILAB 仍是一款功能、性能和可开发性都十分优秀的仿真软件平台，读者也可参考书中的实践内容，采用 SCILAB 进行控制系统仿真与实践。

4. Python

Python 是由荷兰人吉多 · 范罗苏姆 (Guido van Rossum) 于 20 世纪 90 年代初开发设计的，Python 取自吉多喜爱的英国电视喜剧，设计初衷是给非专业程序员提供编写代码的便利。在保留 ABC 语法的基础上，还具有 Python 脚本解释语言，并将其完全开源。经过了 30 多年的努力，Python 语言不断完善，并逐渐形成了一个活跃的 Python 社区。因其具有开源性，所以诞生了丰富的应用于各行各业的专业库。如今，Python 已经成为受欢迎的程序设计语言之一，并广泛应用于后端开发、前端开发、人工智能、大数据、物联网等诸多领域。

Python 是一门解释性动态语言，具备所有的面向对象特性和功能，支持基于类的程序开发。与 C 和 Java 相比，Python 代码量很小，更适合新手入门，同时其编写、测试、重构和维护工作量小，所以开发速度快。Python 由于其开源的特性，具备很强的跨平台移植能力，已经被众多开发者移植到如 Linux、Windows、macOS、Android、FreeBSD、Windows CE、PocketPC、Symbian 等各类开发平台中，通常不需要大规模代码修改就能在移植后的平台上使用。Python 具有丰富的功能库，包括系统、文件、图形用户界面 (graphical user interface，GUI)、数据库等基础库和具有应用特色的第三方库，如机器学习领域专用库 TensorFlow 和 PyTorch、科学计算及数据分析库 NumPy、SciPy 和 Pandas，以及绘制图线 Matplotlib 等，在科学计算、仿真程序开发、机器学习等众多专业领域都有广泛应用，使得 Python 成为控制系统仿真设计的新兴热门软件。

5. Multisim

Multisim 是一款专门用于电子电路仿真与设计的工具软件，是由 20 世纪 80 年代加拿大图像交互技术公司 (Interactive Image Technologies，IIT) 的电路线路仿真的虚拟电子工作平台 (electronics workbench，EWB) 发展而来的。随着 IIT 加入美国 NI 公司，NI Multisim 与 NI Ultiboard 构成 NI Circuit Design Suite 中的一部分，能够完成电路原理图的图形输入、电路硬件描述语言输入、电子线路和单片机仿真、虚拟仪器测试、多种性能分析等。

Multisim 具有直观的图形界面，其电路仿真工作区就像一个电子实验工作台，元件、测试仪表均可直接拖放到屏幕上，单击进行连线，操作便捷。虚拟仪表操作面板与实物相似，可方便选择仪表测试电路波形或特性。Multisim 丰富的元件库具有超过 17000 个元件，包括虚拟分离元件、集成电路，以及一些著名制造商的实物元件模型。因此，Analog Device、Texas Instruments、Microchip、National Semiconductor 等公司的很多元件在元件库中都有相应的模型。读者可以调用这些库内模型编辑参数，利用模型生成器及代码模式创建个性化元件。Multisim 包含数十种虚拟仪表，能够动态交互显示。基于 LabVIEW 还可以创建自定义仪表，拓展虚拟仪表类型，增强其灵活性。采用 SPICE 和 XSPICE 的仿真引擎，Multisim 能够进行 SPICE 仿真、RF 仿真、MCU 仿真和 VHDL 仿真。在 MCU 仿真中可以完成包括单片机及其外设，如只读存储器 (read-only memory, ROM)、随机存储器 (random access memory, RAM)、发光二极管 (light emitting diode, LED) 等的仿真，支持 C 代码、汇编代码和十六进制代码，具有设置断点、单步运行、查看和编辑 RAM、特殊功能寄存器等调试功能。针对现场可编程门阵列 (field programmable gate array, FPGA) 应用，在 Multisim 中搭建的数字电路通过测试功能正确后，可生成 VHDL 语言，这一方面有助于 VHDL 语言的初学者对照学习 VHDL 语句，另一方面可将生成的 VHDL 应用到 FPGA 中，简化 FPGA 的开发过程。

6. VHDL

VHDL 是硬件描述语言 (very-high-speed integrated circuit hardware description language) 的缩写，广泛应用于数字硬件系统的建模、设计与仿真验证，是 FADEC 系统硬件设计中常用的仿真软件。设计者对采用 VHDL 描述的发动机 FADEC 系统中的硬件系统进行仿真，验证其功能的正确性。使用 VHDL 编写的测试平台 (testbench) 产生被测试系统所需的激励信号，通过分析测试系统的输出进行功能验证。因此，使用 VHDL 可以同时完成硬件系统本身的建模 (描述) 和测试平台的开发，从而提高设计效率。

基于 VHDL 开展硬件系统设计相较于传统设计方法具有显著的优势。首先，设计人员不需要构建真实的硬件系统来对其进行实验；其次，硬件设计的综合过程可以自动完成；再次，采用 VHDL 可以描述和验证系统，而不需要更换其他软件；最后，VHDL 是一个非专有的标准，因此基于 VHDL 的设计可以移植到其他软件工具中。

HDL 设计方法包括使用 VHDL 软件设计数字硬件系统和编写用于对该系统进行验证的测试平台；使用 VHDL 进行功能验证和时序验证；使用综合工具生成与 VHDL 设计对应的逻辑网表；使用布局布线工具将综合后的网表映射到目标可编程逻辑器件 (programmable logic device，PLD) 中，并生成时序模型和配置文件；使用 PLD 实现设计功能；使用电子设计自动化 (electronic design automation，EDA) 工具生成编程文件，对 PLD 进行编程。与 Multisim 相比，VHDL 可以在更短的时间内设计并完成具有一定复杂度的数字硬件系统。

1.6　本书的主要内容

本书是面向航空发动机控制系统分析与设计的实践教材，遵循图 1.3 中航空发动机控制系统设计过程，重点围绕系统级和部件级的分析、设计与仿真、实验与验证等内容进行阐述。在 1.4 节的基础上，第 2 章依据涡喷发动机的结构和气动热力学工作原理，介绍如何建立发动机非线性部件级模型。根据传感器和执行机构的结构和工作原理，建立转速控

制系统中磁感探头 (转速传感器) 和燃油调节器 (执行机构) 的数学模型。第 3 章和第 4 章将从系统级分析与设计角度，介绍发动机转速控制系统的控制器设计，并以速度位置伺服实验台模拟发动机转速控制系统，介绍数字控制系统的实现与实践。第 5 章以航空发动机控制系统中的核心部件——数字电子控制器为例，介绍数字电子控制器中关键基础模块的设计与实现。第 6 章以航空发动机控制系统试验为背景，介绍 HIL 仿真实践过程。

    发动机控制系统研制是一个十分复杂、庞大的系统工程，一本书不足以覆盖其中的方方面面，各章安排力图呈现控制系统研制中最为关键和基础的内容，希望能为培养航空发动机相关专业本科学生实践能力略尽绵薄之力。

第2章 航空发动机及其控制系统建模与实践

被控对象模型通常是开展控制系统设计的基础,不同的数学模型在设计中起不同的作用。发动机控制系统包括被控对象 (发动机)、传感器、执行机构和控制器。发动机非线性部件级模型能够精确模拟发动机的行为,通常作为控制系统仿真和试验中的被控对象,用于替代真实的发动机。基于非线性部件级模型建立的发动机线性模型是控制器设计的基础,包括传递函数、状态变量模型等。传感器和执行机构的数学模型通常有传递函数等。因此,在介绍控制方法和控制器设计之前,有必要介绍发动机及其控制系统的模型和建模方法。

2.1 航空发动机非线性部件级模型

2.1.1 发动机部件级的总体设计

本节主要介绍涡喷发动机非线性部件级数学模型建模方法及其过程。建模中采用面向对象技术将发动机各个典型部件封装成部件类,进而使用类的对象搭建出整机模型。

为了实现所建立的部件级模型具有仿真通用性,采用 C++ 程序设计方法,将典型的部件模型封装成部件类,从而建立通用的涡喷发动机性能仿真模型,涡喷发动机部件类库如表 2.1 所示。

表 2.1　涡喷发动机部件类库

部件类型	部件类名	部件类型	部件类名
进气道	CInlet	燃烧室	CComb
涡轮	CTurb	尾喷管	CNozzle
压气机	CComp	发动机	CEngine

较为常见的涡喷发动机有单轴涡喷发动机与双轴涡喷发动机。单轴涡喷发动机包含的主要部件有进气道、压气机、燃烧室、涡轮、尾喷管等,如图 2.1 所示。

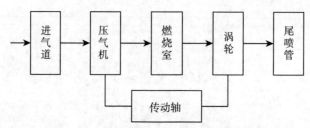

图 2.1　单轴涡喷发动机基本部件组成简图

2.1.2　模型假设

在建模过程中，航空发动机的工作过程非常复杂，为了简化航空发动机数学模型的推导，工程上通常需要进行以下假设：

(1) 忽略部件热惯性及燃烧滞后的影响；

(2) 气体在航空发动机中的流动按准一维流动处理；

(3) 在建模时，已知飞行高度 H、马赫数 Ma、主燃油量 W_f、尾喷管面积 A_9，以及设计点参数和各部件特性数据。

发动机 i 截面气体性质参数可根据有关资料查得或用拟合公式求得，如定压比热容 $C_{pi} = g_1(f_{ai}, T_{ti})$、比焓 $h_i = g_2(f_{ai}, T_{ti})$ 或 $h_i = C_{pi}T_{ti}$、气体等熵指数 $k_i = g_3(f_{ai}, T_{ti})$。其中，$f_{ai}$ 为油气比，采用定压比热方法计算。

不考虑发动机引放气，简化后的单轴涡喷发动机结构及其截面定义如图 2.2 所示。应用 GasTurb 软件生成该涡喷发动机在地面标准状况下设计点处各截面的性能参数，如图 2.3 所示。基于这些参数，可以获得发动机典型部件的总压恢复系数，旋转部件的设计点压比、效率以及燃烧室效率、喷口面积、空气系统引放气比例等关键建模参数，结合发动机通用部件特性，可顺利开展单轴涡喷发动机部件级建模。表 2.2 列出了单轴涡喷发动机典型部件的进出口截面气路参数。

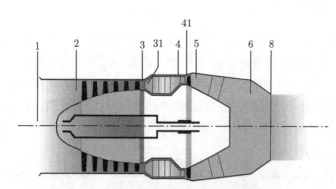

图 2.2　单轴涡喷发动机结构及其截面定义

1. 进气道；2. 压气机进口；3. 压气机出口；4. 燃烧室出口；5. 涡轮出口；6. 尾喷管进口；

8. 尾喷管出口；31. 燃烧室进口；41. 涡轮进口

2.1.3　进气道数学模型

进气道的作用是在各种飞行条件下，为发动机提供所需的高质量气流。进气道模型主要根据飞行高度 H 与马赫数 Ma 计算进气道出口的总温 T_{t2} 和总压 P_{t2}，并传递到下游部件压气机进口。

```
              W          T          P        WRstd
Station     kg/s        K          kPa       kg/s         FN         =    28.60 kN
 amb                   288.15    101.325                  TSFC       =    26.1504 g/(kN*s)
  1        31.680      288.15    101.325                  FN/W2      =    902.87 m/s
  2        31.680      288.15    100.312    32.000
  3        31.680      630.42   1203.741     3.944         Prop Eff  =    0.0000
 31        31.680      630.42   1203.741                   eta core  =    0.4050
  4        32.428     1450.00   1167.629     6.313
 41        32.428     1450.00   1167.629     6.313         WF        =    0.74798 kg/s
 49        32.428     1172.89    411.875                   s NOx     =    0.28659
  5        32.428     1172.89    411.875    16.095         XM8       =    1.0000
  6        32.428     1172.89    403.637                   A8        =    0.0725 m?
  8        32.428     1172.89    403.637    16.423         P8/Pamb   =    3.9836
Bleed      0.000      630.42   1203.738                    WBld/w2   =    0.00000
---------------------------------------------------------  Ang8      =    20.00 ?
P2/P1 = 0.9900   P4/P3 = 0.9700   P6/P5 0.9800             CD8       =    0.9600
Efficiencies:   isentr   polytr    RNI    P/P             W_NGV/W2  =    0.00000
 Compressor      0.8500   0.8913   0.990  12.000          WCL/W2    =    0.00000
 Burner          0.9999                    0.970          Loading   =    100.00 %
 Turbine         0.8900   0.8773   1.743   2.835          e45 th    =    0.89000
---------------------------------------------------------  far7      =    0.02361
Spool mech Eff  0.9999   Nom Spd     14000 rpm            PWX       =    0.00 kW
---------------------------------------------------------

hum [%]     war0       FHV      Fuel
  0.0      0.00000    42.900    Generic
```

图 2.3　基于 GasTurb 软件生成的单轴涡喷发动机设计点参数

表 2.2　单轴涡喷发动机典型部件进出口截面气路参数

截面 (标号)	流量/(kg/s)	温度/K	压力/kPa
进气道 1	31.680	288.15	101.325
压气机进口 2	31.680	288.15	100.312
压气机出口 3	31.680	630.42	1203.741
燃烧室进口 31	31.680	630.42	1203.741
燃烧室出口 4	32.428	1450.00	1167.629
涡轮进口 41	32.428	1450.00	1167.629
涡轮出口 5	32.428	1172.89	411.875
尾喷管进口 6	32.428	1172.89	403.637
尾喷管出口 8	32.428	1172.89	403.637

首先，根据国际标准大气获得高度 H 下的温度 T_{s0} 和大气压力 P_{s0}，也可采用以下拟合公式进行计算：

$$T_{s0} = \begin{cases} 288.15 - 0.0065H, & H \leqslant 11000 \\ 216.5, & H > 11000 \end{cases} \tag{2.1}$$

$$P_{s0} = \begin{cases} 101325(1 - 0.225577 \times 10^{-4}H)^{5.25588}, & H \leqslant 11000 \\ 22632\mathrm{e}^{\frac{11000 - H}{6328}}, & H > 11000 \end{cases} \tag{2.2}$$

然后，根据马赫数 Ma 可求得进气道进口气流总温 T_{t1}、总压 P_{t1} 和速度 v_0。

$$T_{t1} = T_{s0}\left(1 + \frac{k_0 - 1}{2}Ma^2\right) \tag{2.3}$$

$$P_{t1} = P_{s0} \left(1 + \frac{k_0 - 1}{2} Ma^2\right)^{\frac{k_0}{k_0 - 1}} \tag{2.4}$$

$$v_0 = Ma\sqrt{k_0 R T_{s0}} \tag{2.5}$$

最后,根据经验公式计算进气道总压恢复系数 σ_I 及进气道出口 (压气机进口) 总温 T_{t2}、总压 P_{t2}。

$$\sigma_I = \begin{cases} 1, & Ma \leqslant 1.0 \\ 1 - 0.075(Ma - 1)^{1.35}, & Ma > 1.0 \end{cases} \tag{2.6}$$

$$T_{t2} = T_{t1} \tag{2.7}$$

$$P_{t2} = P_{t1}\sigma_I \tag{2.8}$$

2.1.4 压气机数学模型

压气机是气流进入发动机后遇到的第一个旋转部件,其主要作用是提高气体的总压,这对于主燃烧室的燃烧和推力的产生是非常必要的。压气机数学模型主要根据压气机进口总温 T_{t2}、总压 P_{t2}、换算转速 $n_{C,cor}$ 与压比 π_C,从特性图中计算得到进口流量 W_{a2}、出口总温 T_{t3} 和功率 N_C。

首先,根据压气机换算转速 $n_{C,cor} = n\sqrt{\dfrac{288.15}{T_{t2}}}$ 和压比 $\pi_C = P_{t3}/P_{t2}$,由压气机特性线插值求得换算流量 $W_{aC,cor}$ 和效率 η_C,即

$$W_{aC,cor} = f_1(n_{C,cor}, \pi_C) \tag{2.9}$$

$$\eta_C = f_2(n_{C,cor}, \pi_C) \tag{2.10}$$

进而求得压气机进口流量 W_{a2}、出口总温 T_{t3} 和功率 N_C:

$$W_{a2} = W_{a3} = W_{aC,cor}\frac{P_{t2}}{101325}\sqrt{\frac{288.15}{T_{t2}}} \tag{2.11}$$

$$T_{t3} = T_{t2}\left[\frac{\pi_C^{(k_2-1)/k_2} - 1}{\eta_C} + 1\right] \tag{2.12}$$

$$N_C = W_{a2}C_p(T_{t3} - T_{t2}) \tag{2.13}$$

2.1.5 燃烧室数学模型

在整个发动机中,只有燃烧室是增加发动机能量的部件,这个部件中的气流总温有所增加。气流增加的能量一部分被涡轮汲取用于驱动压气机,其余部分则通过尾喷管形成高速气流,从而产生推力。燃烧室数学模型主要根据进口空气流量 W_{a3} 与燃油流量 W_f 计算燃烧室出口油气比 f_{a4} 和燃烧室出口流量 W_{g4},以及根据燃烧室总压恢复系数 σ_B 与燃烧室效率 η_B 计算燃烧室出口压力 P_{t4} 与温度 T_{t4}。

燃烧室出口油气比 f_{a4}、燃烧室出口流量 W_{g4} 和燃烧室出口压力 P_{t4} 分别按照式 (2.14)~式 (2.16) 计算:

$$f_{a4} = W_f/W_{a3} \tag{2.14}$$

$$W_{g4} = W_{a3} + W_f \tag{2.15}$$

$$P_{t4} = \sigma_B P_{t3} \tag{2.16}$$

式中，σ_B 为燃烧室总压恢复系数，通常取 0.985。

最后，根据燃烧室的能量平衡方程计算燃烧室出口温度 T_{t4}：

$$W_f H_u \eta_B = W_{g4} C_p T_{t4} - W_{a3} C_p T_{t3} \tag{2.17}$$

式中，η_B 为燃烧室效率，通常取 0.99；H_u 为燃油低热值。

2.1.6　涡轮数学模型

涡轮的作用是从工质中提取能量进而驱动压气机，涡轮与压气机有许多相似之处，并且互为依存。涡轮数学模型主要根据涡轮进口总温 T_{t41} 与总压 P_{t41}、换算转速 $n_{T,cor}$ 与落压比 π_T，由特性图计算得到涡轮进口流量 W_{g41}、涡轮出口总温 T_{t5} 和功率 N_T。

首先，根据涡轮换算转速 $n_{T,cor} = n\sqrt{\dfrac{288.15}{T_{t41}}}$ 和落压比 $\pi_T = \dfrac{P_{t41}}{P_{t5}}$，由涡轮特性图插值求得换算流量 $W_{g,cor}$ 和效率 η_T，即

$$W_{g,cor} = f_3(n_{T,cor}, \pi_T) \tag{2.18}$$

$$\eta_T = f_4(n_{T,cor}, \pi_T) \tag{2.19}$$

进而求得涡轮进口流量 W_{g41}、出口总温 T_{t5} 和功率 N_T 为

$$W_{g41} = W_{g5} = W_{g,cor} \frac{P_{t41}}{101325} \sqrt{\frac{288.15}{T_{t41}}} \tag{2.20}$$

$$T_{t5} = T_{t41} \left\{ 1 - \left[1 - \pi_T^{(1-k_{41})/k_{41}} \right] \eta_T \right\} \tag{2.21}$$

$$N_T = W_{g41}(h_{41} - h_5) \tag{2.22}$$

式中，h 为比焓。

2.1.7　尾喷管数学模型

尾喷管的主要作用是使从涡轮流出的气流在尾喷管中继续膨胀，气流中一部分热焓转变为动能，以很大的速度沿发动机轴线向后喷出，增大出口动量，使发动机产生反作用推力。尾喷管有收敛型和收敛扩张型，下面以不可调收敛型尾喷管为例，介绍尾喷管的计算过程。收敛型尾喷管数学模型主要根据尾喷管进口总压 P_{t6} 和总温 T_{t6}、环境压力 P_{s8} 以及尾喷管出口面积 A_8，计算得到尾喷管出口流量 W_{g8} 以及发动机推力 F 和单位耗油率 SFC 等参数。

首先，根据尾喷管进口总压 P_{t6} 与总温 T_{t6} 计算得到出口总压 P_{t8} 与总温 T_{t8}，如式 (2.23) 和式 (2.24) 所示：

$$P_{t8} = \sigma_{NZ} P_{t6} \tag{2.23}$$

$$T_{t8} = T_{t6} \tag{2.24}$$

式中，σ_{NZ} 为尾喷管总压恢复系数。

　　然后，确定尾喷管的工作状态。收敛型尾喷管有三种工作状态，分别为亚临界状态、临界状态和超临界状态。与其有关的实际压力降 π_{NZ}、可用压力降 $\pi_{\mathrm{NZ,us}}$、临界压力降 $\pi_{\mathrm{NZ,cr}}$ 定义如下：

$$\pi_{\mathrm{NZ}} = P_{t8}/P_{s8} \tag{2.25}$$

$$\pi_{\mathrm{NZ,us}} = P_{t8}/P_{s0} \tag{2.26}$$

$$\pi_{\mathrm{NZ,cr}} = P_{t8}/P_{s8,cr} = [(k_8+1)/2]^{k_8/(k_8-1)} \tag{2.27}$$

　　尾喷管的出口气流参数可根据其工作状态分为以下两种情况。

　　(1) 当尾喷管处于亚临界工作状态 ($\pi_{\mathrm{NZ,us}} < \pi_{\mathrm{NZ,cr}}$) 时，它的出口静压 P_{s8}、速度 C_8 以及马赫数 Ma_8 为

$$P_{s8} = P_{s0} \tag{2.28}$$

$$C_{8i} = \sqrt{2C_{p6}T_{t8}\left[1-(P_{s8}/P_{t6})^{(k_6-1)/k_6}\right]} \tag{2.29}$$

$$\varphi_{\mathrm{NZ}} = C_8/C_{8i} \tag{2.30}$$

$$C_8 = \varphi_{\mathrm{NZ}}\sqrt{2C_{p6}T_{t8}\left[1-(P_{s8}/P_{t6})^{(k_6-1)/k_6}\right]} \tag{2.31}$$

$$Ma_8 = \sqrt{\frac{2}{k_8-1}\left[\pi_{\mathrm{NZ}}^{(k_8-1)/k_8}-1\right]} \tag{2.32}$$

式中，C_{8i} 为气流在尾喷管中等熵膨胀时尾喷管出口气流速度；C_8 为气流在尾喷管中多变膨胀时尾喷管出口气流速度；φ_{NZ} 为尾喷管速度系数。

　　(2) 当尾喷管处于临界、超临界工作状态 ($\pi_{\mathrm{NZ,us}} \geqslant \pi_{\mathrm{NZ,cr}}$) 时，它的出口静压 P_{s8}、速度 C_8 以及马赫数 Ma_8 为

$$P_{s8} = P_{t8}/\pi_{\mathrm{NZ,cr}} \tag{2.33}$$

$$C_8 = \varphi_{\mathrm{NZ}}\sqrt{2C_{p6}T_{t8}\left[1-(P_{s8}/P_{t6})^{(k_6-1)/k_6}\right]} \tag{2.34}$$

$$Ma_8 = 1.0 \tag{2.35}$$

　　最后，根据尾喷管出口静压 P_{s8}、马赫数 Ma_8 与速度 C_8，计算它的出口流量 W_{g8}、发动机推力 F 和单位耗油率 SFC。

$$W_{g8} = q(Ma_8)K_{\mathrm{m}}A_8P_{t8}/\sqrt{T_{t8}} \tag{2.36}$$

$$F = (W_{g8}v_8 - W_{a2}v_0) + (P_{s8}-P_{s0})A_8 \tag{2.37}$$

$$\mathrm{SFC} = W_{\mathrm{f}}/F \tag{2.38}$$

式中，K_{m} 为与绝热系数相关的一个系数。

2.2　发动机共同工作

涡喷发动机工作时，各个部件之间存在气动耦合或机械联系，称为发动机的共同工作条件。发动机部件级模型求解，需要依据共同工作条件建立共同工作方程，将它们与 2.1 节中部件性能计算方程相结合，求解发动机截面参数。例如，从发动机稳态工作点开始分析，随着燃烧室内燃油流量的改变，涡轮进口温度和压力都会发生变化，进而涡轮转速发生改变。因为涡轮与压气机在同一根转轴上，所以转速的改变会影响压气机的流量与压比，从而影响燃烧室的进口压力与流量。如此循环往复，发动机最终会达到一个新的稳态工作平衡点。所有部件之间相互影响的方式以及它们各自的物理特性对整机工作点的影响称为部件匹配，这也是整机部件级模型构建所要考虑的问题。根据 2.1 节部件级建模方法建立的发动机模型，能够保证发动机上游部件出口与下游部件进口气体的总温与总压相同，即下游部件进口气体的总温与总压是根据上游部件计算得到的，而这一计算过程并不能完全保证相邻两部件的流量连续以及涡轮与压气机之间的功率平衡。部件之间的匹配关系正是通过发动机的共同工作方程来体现的。

2.2.1　发动机共同工作方程

航空发动机稳态过程的部件级模型包括部件级模型和共同工作方程求解。部件级模型模拟部件内部的气动热力过程，稳态过程部件之间的匹配关系通过流量连续、功率平衡等共同工作方程来确定。对于单轴涡喷发动机的稳态共同工作方程，一般选用转速 n、压气机压比 π_C、涡轮落压比 π_T 作为未知参数，因此需要三个独立方程来求解，本节选取以下两个质量流量平衡方程和一个功率平衡方程。

涡轮进口流量与压气机进口流量和燃油量之和的平衡方程为

$$W_\mathrm{g4} - W_\mathrm{a2} - W_\mathrm{f} = 0 \tag{2.39}$$

尾喷管出口流量与涡轮出口流量的平衡方程为

$$W_\mathrm{g8} - W_\mathrm{g5} = 0 \tag{2.40}$$

转子功率平衡方程为

$$\eta_\mathrm{m} N_\mathrm{T} - N_\mathrm{C} = 0 \tag{2.41}$$

式中，η_m 为轴机械效率；N_T 为涡轮功率；N_C 为压气机功率。

当发动机处于动态工作过程时，涡轮部件和压气机功率不再平衡，剩余功率使转子加速或减速，但各截面气体参数仍然满足流量连续、压力平衡等条件。因此，模型在动态计算过程中，只需要满足式 (2.39) 和式 (2.41) 两个共同工作方程，再结合转子动力学方程，即式 (2.42)，对转子的加减速进行计算，即可构成发动机的动态数学模型。

$$\frac{\mathrm{d}n}{\mathrm{d}t} = \frac{\eta_\mathrm{m} N_\mathrm{T} - N_\mathrm{C}}{nJ\left(\dfrac{\pi}{30}\right)^2} \tag{2.42}$$

式中，J 为转动惯量。

式 (2.39)~ 式 (2.42) 构成单轴涡喷发动机的共同方程，式 (2.39)~ 式 (2.41) 是稳态平衡方程，式 (2.42) 是动态方程。

2.2.2 求解发动机共同工作方程

发动机的共同工作方程是隐式非线性方程，每个变量的改变都会经过复杂的非线性运算，影响非线性方程残差，无法通过解析的方法获得方程的解，只能通过数值解法求出满足误差要求的数值解，常用的数值解法有牛顿-拉弗森 (Newton-Raphson) 法、$n+1$ 点残差法和布雷敦 (Brayton) 法等。本节以牛顿-拉弗森法为例，介绍非线性方程组的求解方法。

令 $\boldsymbol{x} = [n\ \pi_{\mathrm{C}}\ \pi_{\mathrm{T}}]^{\mathrm{T}}$ 为初猜值向量，根据共同工作方程建立非线性方程组：

$$\begin{cases} e_1(\boldsymbol{x}) = W_{\mathrm{g}4} - W_{\mathrm{a}2} - W_{\mathrm{f}} = 0 \\ e_2(\boldsymbol{x}) = W_{\mathrm{g}8} - W_{\mathrm{g}5} = 0 \\ e_3(\boldsymbol{x}) = \eta_{\mathrm{m}} N_{\mathrm{T}} - N_{\mathrm{C}} = 0 \end{cases} \tag{2.43}$$

令 $\boldsymbol{e} = [e_1\ e_2\ e_3]^{\mathrm{T}}$ 为共同工作方程残差向量。在式 (2.43) 求解过程中，采用式 (2.44) 修正初猜值向量 $\boldsymbol{x}$。

$$\boldsymbol{x}_{k+1} = \boldsymbol{x}_k - \boldsymbol{J}^{-1} e_k \tag{2.44}$$

式中，$\boldsymbol{x}_k$ 为第 k 次迭代时的初猜值向量；e_k 为与 $\boldsymbol{x}_k$ 维数相同的共同工作方程残差向量；$\boldsymbol{J}$ 为雅可比矩阵，其形式为

$$\boldsymbol{J} = \begin{bmatrix} \dfrac{\partial e_1}{\partial x_1} & \dfrac{\partial e_1}{\partial x_2} & \cdots & \dfrac{\partial e_1}{\partial x_m} \\[2mm] \dfrac{\partial e_2}{\partial x_1} & \dfrac{\partial e_2}{\partial x_2} & \cdots & \dfrac{\partial e_2}{\partial x_m} \\[2mm] \vdots & \vdots & & \vdots \\[2mm] \dfrac{\partial e_m}{\partial x_1} & \dfrac{\partial e_m}{\partial x_2} & \cdots & \dfrac{\partial e_m}{\partial x_m} \end{bmatrix} \tag{2.45}$$

若已知发动机的各输入参数 (包括飞行条件、燃油流量等) 和初猜值 n、π_{C}、π_{T}，则可以对整机模型进行求解。每进行一次发动机各部件模型以及共同工作方程的计算，都需要检查共同工作方程的残差是否满足收敛精度要求，若共同工作方程残差不满足收敛精度要求，则应对初猜值进行修正，再进行计算，通过反复迭代，直至共同工作方程的残差满足精度要求。

2.3 传感器模型

传感器是构成闭环控制系统反馈回路的关键元件，它的动态特性是闭环控制系统动态特性的一部分。在测量动态信号时，随着被测信号变化，传感器的输出能够立刻不失真地随着输入量的变化而变化。传感器组成元件的物理特性、制造工艺、外部干扰等，使得输出量不能够随着输入量的变化而立刻变化，即呈现一定的动态特性，因此研究它的动态特性是十分必要的。描述传感器动态特性的数学模型如 1.4 节所述，通常有代数方程、微分方程、传递函数、差分方程。本节主要介绍航空发动机控制系统中常用的传感器传递函数

数学模型。通常情况下，这些传感器都可以用一阶惯性环节的传递函数来模拟，即

$$G_s(s) = \frac{K_s}{T_s s + 1} \tag{2.46}$$

式中，K_s 为稳态增益；T_s 为传感器时间常数。不同类型的传感器感受原理不同，K_s 和 T_s 都不相同，可以基于测量实验中传感器输入-输出数据，采用辨识方法确定 K_s 和 T_s。本节重点关注影响传感器动态特性的时间常数 T_s，因此将表征输入输出稳态关系的稳态增益取为 $K_s = 1$。实际建模中，针对不同类型传感器，可以根据其特性取不同的 K_s。

1) 转速传感器传递函数

发动机中的转速传感器通常为磁阻式磁电传感器，其结构如图 2.4 所示。磁阻式磁电传感器由永磁体、感应线圈、音轮等组成，其中音轮安装在被测发动机转轴上，并随轴一起转动。

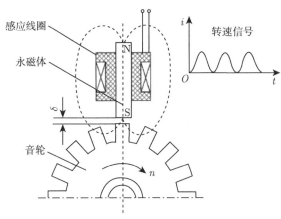

图 2.4　磁阻式磁电传感器结构

转速传感器传递函数为

$$G_n(s) = \frac{n_{\text{out}}}{n_{\text{in}}} = \frac{1}{T_n s + 1} \tag{2.47}$$

式中，T_n 为转速传感器时间常数。某型涡扇发动机低压转速传感器和高压转速传感器的 T_n 分别为 0.03 和 0.05。

2) 压力传感器传递函数

发动机中压力传感器种类较多，有电阻式压力传感器、薄膜式/膜片式压力传感器等。电阻式压力传感器采用金属或者电阻应变片作为感受压力的敏感元件，粘贴在弹性感压面上，将压力信号转变为电信号，并通过测量电桥进一步放大。电阻应变片和测量电桥分别如图 2.5 和图 2.6 所示。

压力传感器传递函数为

$$G_p(s) = \frac{p_{\text{out}}}{p_{\text{in}}} = \frac{1}{T_p s + 1} \tag{2.48}$$

式中，T_p 为压力传感器时间常数。某型涡扇发动机压力传感器的 $T_p = 0.05$。

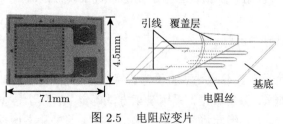

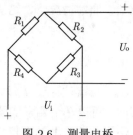

图 2.5　电阻应变片

图 2.6　测量电桥

3) 温度传感器传递函数

发动机控制系统中温度传感器通常为热电式，主要包括热电阻和热电偶等，它们通常分别用于较低温度和较高温度的测量。热电阻是利用电阻随温度变化的特性制成的温度传感器，通过测量电阻的变化进而得出温度的变化。热电阻有金属热电阻和半导体热电阻之分，它的传递函数为

$$G_{\mathrm{TR}}(s) = \frac{t_{\mathrm{out}}}{t_{\mathrm{in}}} = \frac{1}{T_{\mathrm{TR}}s + 1} \tag{2.49}$$

式中，T_{TR} 为热电阻时间常数。某型涡扇发动机风扇进口温度传感器的 $T_{\mathrm{TR}} = 1.5$。

热电偶是根据热电效应制成的温度传感器。热电效应又称为塞贝克效应，是指当两种不同材料的金属导体组成闭合回路，两个连接点温度不同时，回路中产生电动势的现象。热电偶工作原理如图 2.7 所示。

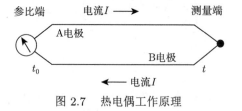

图 2.7　热电偶工作原理

采用辨识法获得热电偶的传递函数为

$$G_{\mathrm{TC}}(s) = \frac{t_{\mathrm{out}}}{t_{\mathrm{in}}} = \frac{K_{\mathrm{TC1}}}{T_{\mathrm{TC1}}s + 1} + \frac{K_{\mathrm{TC2}}}{T_{\mathrm{TC2}}s + 1} \tag{2.50}$$

式中，K_{TC1} 和 K_{TC2} 为热电偶稳态增益；T_{TC1} 和 T_{TC2} 为热电偶时间常数。某型涡扇发动机低压涡轮进口温度传感器的 $K_{\mathrm{TC1}} = 0.3$、$K_{\mathrm{TC2}} = 0.7$、$T_{\mathrm{TC1}} = 0.6$ 和 $T_{\mathrm{TC2}} = 5.5$。

2.4　执行机构模型

当前航空发动机控制系统中的执行机构多为机械液压式，未来多电航空发动机中，电动式执行机构将成为重要发展方向。本节以燃油系统为对象，主要介绍机械液压式执行机构和电动式执行机构的数学模型。无论是机械液压式执行机构，还是电动式执行机构，为了提高主燃油控制系统的稳态精度和动态响应品质，均采用闭环反馈控制结构。

1) 机械液压式主燃油系统执行机构

机械液压式主燃油系统执行机构闭环控制系统由电液伺服阀、计量阀和控制器等构成，其原理如图 2.8 所示。

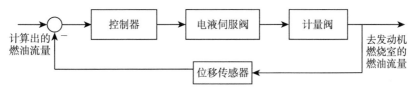

图 2.8　机械液压式主燃油系统执行机构原理

由图 2.8 可知，执行机构组成结构多，采用辨识法获得它的传递函数，为

$$G_{\mathrm{HA}}(s) = \frac{t_{\mathrm{out}}}{t_{\mathrm{in}}} = \frac{1}{T_{\mathrm{HA}}s + 1} \tag{2.51}$$

基于某型涡扇发动机燃油计量系统输入/输出数据，采用辨识法中的频率法获得时间常数为 $T_{\mathrm{HA}} = 10.5$。

2) 电动燃油泵执行机构

多电/全电航空发动机已经成为先进航空推进系统的一个重要发展方向。在多电燃油系统中，电动燃油泵是核心部件，也是多电发动机控制系统中重要的执行机构。电动燃油泵主要由燃油泵和电机构成，齿轮式电动燃油泵结构示意图如图 2.9 所示。工作时，电机转子带动泵转动，通过调节电机的转速来改变泵的转速，进而控制泵的供油量。泵的出口流量控制系统为一个闭环控制系统。电动燃油泵结构框图如图 2.10 所示。相较于传统机械液压式燃油系统执行机构，电动燃油泵与发动机传动系统分离，结构更加简单，供油量可实现闭环控制，精度更高，调节更便捷，无须回油，效率更高。

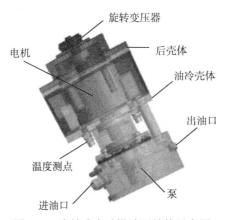

图 2.9　齿轮式电动燃油泵结构示意图

采用辨识法获得系统的传递函数为

$$G_{\mathrm{EA}}(s) = \frac{W_{\mathrm{f,out}}}{W_{\mathrm{f,in}}} = \frac{1}{T_{\mathrm{EA}}s + 1} \tag{2.52}$$

齿轮式电动燃油泵的时间常数 $T_{EA} = 0.007$。由此可知，电动燃油泵的响应速度非常快，动态要求不高的情况下，可将其看成比例环节。

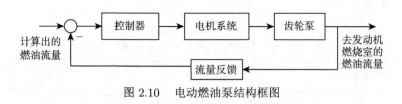

图 2.10   电动燃油泵结构框图

2.5   涡喷发动机非线性部件级模型的 VC++ 语言实现

采用面向对象技术，有利于最大限度地提高程序代码重用率，同时消除各子程序之间的耦合，程序变得更易于理解和扩充，可维护性大大增强，因此本节利用 VC++ 语言，详细地介绍建立面向对象的发动机非线性模型的过程。首先从新建工程文件开始，然后分别介绍发动机各部件与整机的建模，最后实现发动机的稳态与动态仿真。

2.5.1   涡喷发动机非线性部件级模型工程建立

涡喷发动机非线性部件级模型工程建立流程如下。

(1) 打开 Microsoft Visual C++ 6.0，单击菜单栏上方的 File 按钮，接着选择 New，并在弹出的窗口中选择 Projects 下方的 "Win32 Console Application"，新建一个空的工程文件，并将其命名为 ENGINE(图 2.11 和图 2.12)。

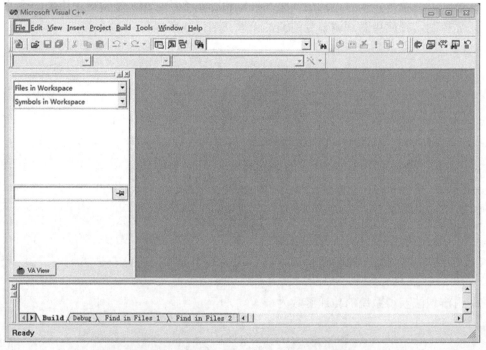

图 2.11   Microsoft Visual C++ 6.0 主界面

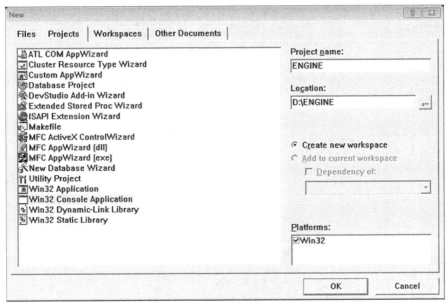

图 2.12　新建空工程文件 (Win32 Console Application)

(2) 添加进气道类 (CInlet 类) 到工程文件中。在 ClassView 目录下，右击 ENGINE classes 选择 New Class，并在弹出的窗口的类名称处输入 CInlet，最后单击 OK，即可将进气道类 (CInlet 类) 添加到工程文件中 (图 2.13 和图 2.14)。

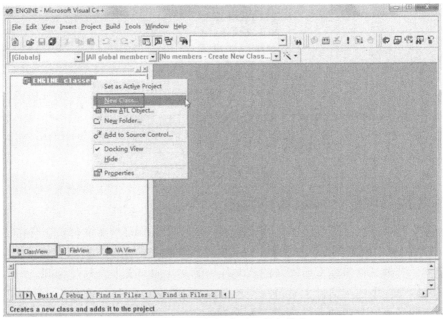

图 2.13　添加新类到工程文件中

(3) 类似地，添加其他部件类到工程中，包括压气机类 (CComp 类)、燃烧室类 (CComb 类)、涡轮类 (CTurb 类)、尾喷管类 (CNozzle 类) 以及发动机类 (CEngine)(图 2.15 和图 2.16)。

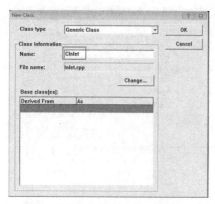

图 2.14　定义类名称为 "CInlet"

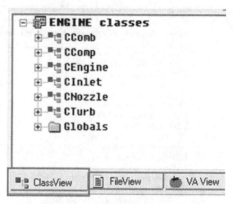

图 2.15　新建涡喷发动机类

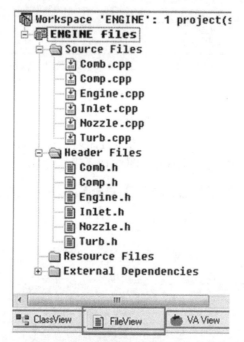

图 2.16　新建涡喷发动机所包含文件

2.5.2　进气道数学模型 (CInlet 类) 的实现

在工程文件中添加了进气道类之后，就会自动生成 "Inlet.h"(头文件) 与 "Inlet.cpp"(源文件)。在建立进气道数学模型过程中，在头文件中实现类的定义，在源文件中实现类成员函数的定义，其他部件级模型所涉及的头文件与源文件的定义内容与此相同。

进气道数学模型的头文件主要包括两部分内容 (图 2.17)，第一部分为 "math.h"，在此头文件中声明了一些常用的数学运算，如乘方、开方运算等，用于进气道中涉及数学运算模块的计算。第二部分为进气道类的定义，主要包含绝热指数、气体常数以及进气道总压恢复系数的成员变量以及 Run 成员函数的定义。

在进气道数学模型的源文件中，构造函数主要进行气体热力学参数赋值，包括绝热指数与气体常数的赋值。Run 成员函数用于进气道热力计算，主要计算进气道进口参数、进气道总压恢复系数以及进气道出口总参，图 2.18 中列出了与这些参数相对应的计算公式。

```
// Inlet.h: interface for the CInlet class.
//
/////////////////////////////////////////////////////////////////////

#if !defined(AFX_INLET_H__E3D0896A_2AD3_4382_9CB9_FFA7DB2FBB51__INCLUDED_)
#define AFX_INLET_H__E3D0896A_2AD3_4382_9CB9_FFA7DB2FBB51__INCLUDED_

#if _MSC_VER > 1000
#pragma once
#endif // _MSC_VER > 1000

#include <math.h>        ①

class CInlet                ②
{
public:
    CInlet();
    virtual ~CInlet();

    double m_rk0;        //绝热指数
    double m_rR;         //气体常数
    double m_rplossI;    //进气道总压恢复系数

    void Run(double Height, double Mahe,//输入
        double &Pins0, double &Tins0, double &Pin0, double &Tin0,  double &Tin1, double &Pin1, double &UC0);//输出

};

#endif // !defined(AFX_INLET_H__E3D0896A_2AD3_4382_9CB9_FFA7DB2FBB51__INCLUDED_)
```

图 2.17　进气道数学模型头文件

```
// Inlet.cpp: implementation of the CInlet class.
#include "Inlet.h"
CInlet::CInlet()
{m_rk0 = 1.4;m_rR = 287.0;}
CInlet::~CInlet()
{}

void CInlet::Run(double Height, double Mahe,  //输入
        double &Pins0, double &Tins0, double &Pin0, double &Tin0,  double &Tin1, double &Pin1, double &UC0)
{
    //进气道进口参数:式 (2.1) 与式 (2.2)
    if (Height <= 11000.0)//单位m
    {
        Tins0 = 288.15 - 0.0065*Height;
        Pins0 = 101325 * pow((1 - 0.225577E-4*Height), 5.25588);
    }
    else if (Height > 11000.0)
    {
        Tins0 = 216.5;
        Pins0 = 22632 * exp((11000.0 - Height) / 6328);
    }
    //进气道进口总温、总压: 式 (2.3) 与式 (2.4)
    Tin0 = Tins0 * (1.0 + 0.5*(m_rk0 - 1.0)*Mahe*Mahe);
    Pin0 = Pins0 * pow(1.0 + 0.5*(m_rk0 - 1.0)*Mahe*Mahe, m_rk0 / (m_rk0 - 1));
    //飞行速度: 式 (2.5)
    UC0 = Mahe * sqrt(m_rk0*m_rR*Tins0);

    //进气道总压恢复系数:式 (2.6)
    if (Mahe <= 1.0)
        m_rplossI = 1;
    else  // (Mahe > 1.0)
        m_rplossI = 1 - 0.075 * pow((Mahe - 1), 1.35);
    //进气道出口总参:式 (2.7) 与式 (2.8)
    Tin1 = Tin0;
    Pin1 = Pin0 * m_rplossI;
}
```

图 2.18　进气道数学模型源文件

2.5.3　压气机数学模型 (CComp 类) 的实现

与进气道头文件类似，压气机头文件中也包含 "math.h"，另外，还在压气机类中定义了与气体热力计算过程有关的绝热指数与定压比热容的成员变量 (图 2.19)。除此之外，压气机类中还包含以下内容：

(1) LoadDesign 成员函数，用于加载压气机部件的设计点参数；

(2) Run 成员函数，用于压气机部件的气动热力学计算；

(3) 设计点参数，表示压气机设计点的参数，在 LoadDesign 成员函数中进行赋值；

(4) 非设计点参数，在 Run 成员函数中参与气动热力学计算。

```
// Comp.h: interface for the CComp class.
#if !defined(AFX_COMP_H__919454 92_2E32_4C50_B2C4_55E61BE6250B__INCLUDED_)
#define AFX_COMP_H__919454 92_2E32_4C50_B2C4_55E61BE6250B__INCLUDED_

#if _MSC_VER > 1000
#pragma once
#endif // _MSC_VER > 1000

#include <math.h>

class CComp
{
public:
    double k2, Cp;//绝热指数, 定压比热容
    CComp();
    virtual ~CComp();

public:
    void LoadDesign();//加载设计点
    void Run(double n, double m_rtin,double m_rpout,double m_rpin,
             double &m_rmin, double &m_rmout,double &m_rtout, double &H_C,double &nC);

public://设计点参数
    double m_dspool,m_deff;//转速 效率
    double m_dmin, m_dmout; //流量
    double m_dpin, m_dpout;
    double m_dtin, m_dtout;
    double m_dpi;           //压比

public://非设计点参数
    double m_cm, ;
    double m_rpi, m_reff;
    double m_rhin, m_rhout;
};

#endif // !defined(AFX_COMP_H__919454 92_2E32_4C50_B2C4_55E61BE6250B__INCLUDED_)
```

图 2.19   压气机数学模型头文件

对于压气机数学模型源文件,在压气机类的构造函数中进行气体热力学参数的赋值,主要分为以下四部分内容:

(1) 声明与特性图插值有关的函数,为了便于进行特性图的插值计算,只需要按图 2.20 所示加载 Method 动态链接库,并声明与特性图插值有关的函数,即可直接调用已封装的特性图插值函数,包括用于特性图加载的 LoadMap 成员函数以及用于特性图插值的 InterpolateMap 成员函数;

图 2.20   压气机数学模型源文件

(2) 在 LoadDesign 成员函数中加载压气机部件的设计点参数;

(3) 在 Run 成员函数中进行特性图插值计算;

(4) 在 Run 成员函数中根据换算流量与效率计算压气机功率以及出口温度。

除了以上四部分内容, 压气机数学模型还包含在同一工程目录中 "Map" 文件夹下的 "CompMap.txt" 特性图文件, 具体数据存放方式详见附录 1。

2.5.4　燃烧室数学模型 (CComb 类) 的实现

燃烧室数学模型的头文件与压气机数学模型相同, 成员变量主要包含气体热力学属性参数、设计点参数以及非设计点参数; 成员函数包括加载燃烧室设计点参数的 LoadDesign 成员函数和进行气动热力学计算的 Run 成员函数 (图 2.21), 在燃烧室数学模型源文件中主要完成设计点参数的赋值以及燃烧室能量平衡方程的计算, 具体内容如图 2.22 所示。

```
// Comb.h: interface for the CComb class.

#if !defined(AFX_COMB_H__C153BD26_1C79_482B_BB80_B20EC0EF00B4__INCLUDED_)
#define AFX_COMB_H__C153BD26_1C79_482B_BB80_B20EC0EF00B4__INCLUDED_

#if _MSC_VER > 1000
#pragma once
#endif // _MSC_VER > 1000

class CComb
{
public:
    double Hu,Cpg,Cp;//燃油低热值, 燃气定压比热容, 空气定压比热容
    CComb();
    virtual ~CComb();

public:
    void LoadDesign();//加载设计点
    void Run(double m_rmfuel, double m_rmin, double m_rpin,double m_rtin,
            double &m_rf,double &m_rmout, double &m_rpout, double &m_rtout);
public://设计点参数
    double m_dpin, m_dpout, m_dtin, m_dtout;
    double m_dmin, m_dmout, m_dmfuel, m_deff;
    double m_dploss;
public://非设计点参数
    double m_rf, m_reff,m_rploss;
    double m_rhin, m_rhout;
    double m_dfin,m_dfout,m_dhin,m_dhout;
};
#endif // !defined(AFX_COMB_H__C153BD26_1C79_482B_BB80_B20EC0EF00B4__INCLUDED_)
```

图 2.21　燃烧室数学模型头文件

2.5.5　涡轮数学模型 (CTurb 类) 的实现

涡轮数学模型的建立与压气机数学模型相比, 增加了 Shaft 成员函数, 以及转子转动惯量和轴机械效率的成员变量, 如图 2.23 中的①和②所示。Shaft 成员函数是在发动机动态过程中, 根据转子动力学方程计算发动机下一时刻的转速。在涡轮数学模型源文件 (图 2.24) 中, 使用改进欧拉法计算转速。该方法首先根据 t_k 时刻的转速 n_k 计算出 t_{k+1} 时刻的预报转速 $\bar{n}_{k+1}$, 然后利用 n_k 与 $\bar{n}_{k+1}$ 计算出 t_{k+1} 时刻的转速 n_{k+1}。

涡轮数学模型的特性图数据包含在同一工程目录中 Map 文件夹下的 "TurbMap.txt" 特性图文件, 具体数据存放方式详见附录 2。

```
// Comb.cpp: implementation of the CComb class.

#include "Comb.h"

CComb::CComb()
{
    Hu = 43124e3;//燃油低热值 燃油的低热值，单位为kJ/kg
    Cpg = 1160.7;//燃气定压比热容，单位为J/(kg·k)
    Cp = 1005;//3截面空气定压比热容，单位为J/(kg·k)
}

CComb::~CComb()
{ }

void CComb::LoadDesign()
{
    m_dpin  = 1203741.;        //燃烧室进口压力，单位为Pa
    m_dpout = 1167629.;        //燃烧室出口压力，单位为Pa
    m_dploss= m_dpout/m_dpin;  //压力损失系数
    m_dtin  = 630.42;          //燃烧室进口温度，单位为K
    m_dtout = 1450.00;         //燃烧室出口温度，单位为K
    m_dmin  = 31.68;           //燃烧室进口流量，单位为kg/s
    m_dmout = 32.428;          //燃烧室出口流量，单位为kg/s
    m_dmfuel= 0.748;           //燃烧室燃油流量，单位为kg/s
    m_deff  = 0.9995;          //主燃烧室效率
}

void CComb::Run(double m_rmfuel, double m_rmin, double m_rpin,double m_rtin,
                double &m_rf,double &m_rmout, double &m_rpout, double &m_rtout)
{
    m_rf = m_rmfuel / m_rmin;   //油气比 式(2.14)
    m_reff=m_deff;              //燃烧室效率
    m_rploss=m_dploss;          //燃烧室总压恢复系数

    m_rhin=Cp*m_rtin;
    m_rmout = m_rmin + m_rmfuel;//燃烧室出口流量 式(2.15)

    m_rpout=m_rpin*m_rploss;    //燃烧室出口压力 式(2.16)
    m_rhout = (m_rmfuel*Hu*m_reff + m_rmin * m_rhin) / m_rmout;
    m_rtout = m_rhout / Cpg;    //燃烧室出口温度 式(2.17)
}
```

图 2.22　燃烧室数学模型源文件

```
// Turb.h: interface for the CTurb class.

#if !defined(AFX_TURB_H__C02650CB_4DE0_4F0D_9403_83018D584547__INCLUDED_)
#define AFX_TURB_H__C02650CB_4DE0_4F0D_9403_83018D584547__INCLUDED_

#if _MSC_VER > 1000
#pragma once
#endif // _MSC_VER > 1000

#include <math.h>

class CTurb
{
public:
    double k4,Cpg;//绝热指数，定压比热容
    CTurb();
    virtual ~CTurb();

public:
    void LoadDesign();//加载设计点
    void Run(double n, double m_rpin, double m_rtin,double m_rmin,double H_C,
             double &m_rpout, double &m_rtout, double &m_rmout, double &N_T,double &nT);
    void Shaft(double dstep,double Eturb,double Ecomp,double &HP);①

public://设计点参数
    double m_dspool,m_deff;//转速 效率
    double m_dmin, m_dmout; //流量
    double m_dpin, m_dpout;
    double m_dtin, m_dtout;
    double m_dpi;    //压比
    double J;        //转子转动惯量                              ②
    double SpoolEff;//轴机械效率

public://非设计点参数
    double m_cm;     //相似参数
    double m_rpi, m_rmin, m_reff;; //实际参数
    double m_rhin, m_rhout;
    double m_rNT;              // 功
};
#endif // !defined(AFX_TURB_H__C02650CB_4DE0_4F0D_9403_83018D584547__INCLUDED_)
```

图 2.23　涡轮数学模型头文件

```
// Turb.cpp: implementation of the CTurb class.

#include "Turb.h"
#pragma comment(lib,"Method.lib")//加载动态链接库
extern "C" _declspec(dllimport)  void LoadMap(char *mapfile, bool Vstyle);//特性图加载函数
extern "C" _declspec(dllimport) double InterpolateMap(double Ncor, double Pi, int Ztype);//特性图插值函数

CTurb::CTurb()
{ k4 = 1.3; Cpg = 1160.7; }

CTurb::~CTurb()
{ }

void CTurb::LoadDesign()
{
    m_dspool=14000.;        //转子转速，单位为r/min
    m_dpin=1167629.;        //涡轮进口压力，单位为Pa
    m_dpout=411875.;        //涡轮出口压力，单位为Pa
    m_dpi=m_dpin/m_dpout;   //涡轮落压比
    m_dtin=1450.00;         //涡轮进口温度，单位为K
    m_dtout=1172.89;        //涡轮出口温度，单位为K
    m_deff=0.89;            //涡轮效率
    m_dmin=32.428;          //涡轮进口流量，单位为kg/s
    m_dmout=32.428;         //涡轮出口流量，单位为kg/s
    J=2.0;                  //转动惯量，单位为kg·m²
    SpoolEff=0.9999;        //轴机械效率

    //加载涡轮特性图：
    LoadMap("Map/TurbMap.txt",true);        //加载涡轮特性图
}

void CTurb::Run(double n, double m_rpin, double m_rtin,double m_rmin,double M_C,
                double &m_rpout,double &m_rtout, double &m_rmout, double &N_T,double &nT)
{
    nT = n/m_dspool/ sqrt(m_rtin / m_dtin);//高压涡轮换算转速
    m_rpi = m_rpin / m_rpout;//高压涡轮压比
    LoadMap("Map/TurbMap.txt", true);       //加载涡轮特性图
    m_cm = InterpolateMap(nT, m_rpi, 0);    //高压涡轮换算流量   第一类（0）式（2.18）
    m_reff = InterpolateMap(nT, m_rpi, 1);  //高压涡轮效率       第二类（1）式（2.19）

    m_rmin = m_cm* (m_rpin / m_dpin)/sqrt(m_rtin / m_dtin);//进口流量   式（2.20）
    m_rmout = m_rmin;
    m_rtout = m_rtin * (1 - ((1 - (pow(m_rpi, ((1 - k4) / k4)))) * m_reff));//高压涡轮出口总温  式（2.21）

    m_rhin = Cpg*m_rtin;
    m_rhout = Cpg*m_rtout;
    N_T = m_rmout * (m_rhin - m_rhout);//高压涡轮功率    式（2.22）
}

void CTurb::Shaft(double dstep,double Eturb,double Ecomp,double &NP)
{
    double FNP=(Eturb-Ecomp)/J*900.0/(3.14159*3.14159);
    double NE=NP*dstep*FNP/NP;
    NP=NP+0.5*dstep*(FNP/NP+FNP/NE);//改进欧拉法计算下一时刻转速
}
```

图 2.24　涡轮数学模型源文件

2.5.6　尾喷管数学模型 (CNozzle 类) 的实现

与其他部件模型相比，尾喷管数学模型的气体热力学计算更加复杂，图 2.25 为尾喷管数学模型头文件，图 2.26 为尾喷管数学模型源文件，下面重点介绍单轴涡喷发动机收敛喷管中 Run 成员函数 (图 2.26 中的①~③)，其计算流程如下：

(1) 根据尾喷管进口总温与总压计算尾喷管出口的总温与总压；

(2) 根据临界压力降与可用压力降，判断尾喷管的工作状态，并计算尾喷管出口静压与马赫数；

(3) 在确定尾喷管状态之后，即可根据相应公式计算尾喷管出口流量、发动机推力和耗油率。

2.5.7　整机数学模型 (CEngine 类) 的实现

在建立了发动机各部件的数学模型之后，需要将各部件组合起来建立整机数学模型。整机数学模型的头文件中包括以下三部分：

(1) 包含的头文件有 "Stdio.h" 和 "math.h"，以及发动机各部件的头文件；

(2) 如图 2.27 所示，发动机成员函数包含加载发动机模型设计点的 LoadDesign 成员函数、用于发动机模型流路计算的 Simulate 成员函数、发动机稳态仿真调用的 SteadyNR 成员函数、发动机动态仿真调用的 DynamicNR 成员函数，以及用于发动机转子动力学方程求解的 SimuSpool 成员函数；

(3) CEngine 类中需要包括发动机各部件类定义的对象，以便于部件流路计算。

```cpp
// Nozzle.h: interface for the CNozzle class.

#if !defined(AFX_NOZZLE_H__3C449019_39E6_4363_9F69_37B92CF8B80F__INCLUDED_)
#define AFX_NOZZLE_H__3C449019_39E6_4363_9F69_37B92CF8B80F__INCLUDED_

#if _MSC_VER > 1000
#pragma once
#endif // _MSC_VER > 1000

#include<math.h>

class CNozzle
{
    public:
    double k8,R;//绝热指数，气体常数
    CNozzle();
    virtual ~CNozzle();
    void LoadDesign();//加载设计点
    void Run(double VC0,double Pins0,double W2,double P6,double m_rtin,double m_rmin,double Wf,double n,double A8,
                double &m_rpout,double &m_rtout,double &m_rmout,double &Force,double &SFC);

    public://设计点参数
    double m_dpin,m_dpout;
    double m_dtin,m_dtout;
    double m_dploss;

    public://非设计点参数
    double Picr,Pi,Pouts,Touts; //临界压力降，可用压力降，喷管出口静压，喷管出口静温
    double Ma,qMa,K8,VC8;     //喷管出口马赫数，流量函数
    double m_rploss;
};

#endif // !defined(AFX_NOZZLE_H__3C449019_39E6_4363_9F69_37B92CF8B80F__INCLUDED_)
```

图 2.25   尾喷管数学模型头文件

```cpp
// Nozzle.cpp: implementation of the CNozzle class.

#include "Nozzle.h"

CNozzle::CNozzle()
{ k8=1.3; R=267.85; }

CNozzle::~CNozzle()
{ }

void CNozzle::LoadDesign()
{
    m_dpin=403637.;          //喷管进口总压，单位为Pa
    m_dpout=403637.;         //喷管出口总压，单位为Pa
    m_dploss=m_dpout/m_dpin;//喷管总压恢复系数，无损失
    m_dtin=1172.89;          //喷管进口总温，单位为K
    m_dtout=1172.89;         //喷管出口总温，单位为K
}

void CNozzle::Run(double VC0,double Pins0,double W2,double m_rpin,double m_rtin,double m_rmin,double Wf,double n,double A8,
                double &m_rpout,double &m_rtout,double &m_rmout,double &Force,double &SFC)
{
    m_rtout=m_rtin;          // 出口燃气总温等于进口燃气总温 式 (2.24)        ①
    m_rploss=m_dploss;
    m_rpout=m_rploss*m_rpin;  //出口燃气总压等于进口燃气总压，无总压损失 式 (2.23)

    Picr=pow(((k8+1)/2),(k8/(k8-1)));  //临界压力降 式 (2.27)               ②
    Pi=m_rpout/Pins0;                  //可用压力降 式 (2.26)
    if(Pi<Picr) //喷管处于亚临界流动状态
    {
        Pouts=Pins0;                                    //喷管出口静压 式 (2.28)
        Ma=sqrt((2/(k8-1))*(pow((m_rpout/Pouts),((k8-1)/(k8)))-1));//喷管出口马赫数 式 (2.32)
    }
    else     //喷管处于临界或超临界流动状态
    {
        Pouts=m_rpout/Picr;     //喷管出口静压, 式 (2.33)
        Ma=1.0;                 //喷管出口马赫数, 式 (2.35)
    }

    qMa=Ma*pow((2/(k8+1)*(1+(k8-1)/2*Ma*Ma)),(-(k8+1)/2/(k8-1)));    ③
    K8=sqrt((k8/R)*pow((2/(k8+1)),((k8+1)/(k8-1))));
    m_rmout=K8*A8*qMa*(m_rpout)/sqrt(m_rtout); //喷管出口流量 式 (2.36)
    Touts=m_rtout/(1+(k8-1)/2*Ma*Ma);
    VC8=Ma*sqrt(k8*R*Touts);                    //由马赫数计算喷管出口气流速度
    Force=(m_rmout*VC8-W2*VC0)+(Pouts-Pins0)*A8; //发动机推力   式 (2.37)
    SFC=(Wf/Force);                             //发动机 单位耗油率 式 (2.38)
}
```

图 2.26   尾喷管数学模型源文件

```
// Engine.h: interface for the CEngine class.

#include "stdio.h"
#include "math.h"
#include "Inlet.h"
#include "Comb.h"
#include "Comp.h"
#include "Turb.h"
#include "Nozzle.h"

#if !defined(AFX_ENGINE_H__562566DD_ED96_4DC7_85E8_B08A7215B06C__INCLUDED_)
#define AFX_ENGINE_H__562566DD_ED96_4DC7_85E8_B08A7215B06C__INCLUDED_

#if _MSC_VER > 1000
#pragma once
#endif // _MSC_VER > 1000

class CEngine
{
public:
    CEngine();
    virtual ~CEngine();
public://发动机成员函数
    void LoadDesign();    //加载发动机模型设计点函数
    void Simulate();      //发动机模型流路计算
    void SteadyNR();      //发动机稳态仿真调用函数
    void DynamicNR();     //发动机动态仿真调用函数
    void SimuSpool();     //发动机转子动力学方程求解

public://类的组合，包括发动机的各部件
    CInlet Inlet;
    CComp Comp;
    CComb Comb;
    CTurb Turb;
    CNozzle Nozzle;

public://牛顿-拉弗森法函数所需参数
    double   x[3], y[3]; //初猜值，共同工作方程残差
    int endflag;         //牛顿-拉弗森法结束标志位

public://发动机设计点参数
    double nd,PICd,PITd;

public://发动机气动热力学计算参数
    double Height,Mahe,Ps0,Ts0,Pins0,Tins0,Pin0,Tin0,Tin1,Pin1,UC0,Pin2;//与尾喷管相关参数
    double PIC,n,nC,T2,P3,P2,W2,W3,T3,N_C;      //与压气机相关参数
    double Wf,fa4,Wg4,P4,T4;                    //与燃烧室相关参数
    double PIT,nT,P45,T45,Wg45,N_T;             //与涡轮相关参数
    double P6,Tt6,Wg6,A8,Pt8,Tt8,Wg8,Force,SFC;//与尾喷管相关参数
    double dstep;//仿真步长
};
#endif // !defined(AFX_ENGINE_H__562566DD_ED96_4DC7_85E8_B08A7215B06C__INCLUDED_)
```

图 2.27　整机数学模型头文件

整机数学模型的源文件 "Engine.cpp" 主要包含以下七部分：

(1) 加载 Method 动态链接库，其中包含利用牛顿-拉弗森法求解函数 NewtonRaphson 和初始化函数 SetParameter。函数 NewtonRaphson 中形式参数 N 为初猜值个数，x 为初猜值，y 为平衡方程残差。

(2) CEngine 类的构造函数，用于加载发动机设计点转速、压气机压比和涡轮落压比参数。

(3) LoadDesign 函数，用于加载发动机各部件的设计点参数，包括压气机、燃烧室、涡轮和尾喷管部件等的设计参数。

(4) Simulate 函数，用于发动机的流路计算以及共同工作方程残差的计算。

(5) SimuSpool 函数，调用涡轮数学模型中包含的转子动力学方程 Shaft，用于计算发

动机动态过程中的转子转速。

(6) SteadyNR 函数,用于发动机稳态求解。在进行求解时,首先需要对初猜值以及牛顿-拉弗森参数进行初始化,然后按照图 2.28 所示代码调用牛顿-拉弗森算法进行求解。

(7) DynamicNR 函数,用于发动机动态求解,在进行求解时需要注意共同工作方程与初猜值的数量。

整机数学模型源文件中的函数及其代码如图 2.28 所示。

```
// Engine.cpp: implementation of the CEngine class.

#include "Engine.h"
#pragma comment(lib,"Method.lib")
extern "C" _declspec(dllimport) void NewtonRaphson(int N, double *x, double *y, int *endflag);//牛顿-拉弗森法
extern "C" _declspec(dllimport) void SetParameter();//牛顿-拉弗森参数初始化函数

CEngine::CEngine()
{
    nd=14000.;
    PICd=1203741./100312.;
    PITd=1167629./411875.;
}

CEngine::~CEngine()
{ }

void CEngine::LoadDesign()
{
    Comp.LoadDesign();
    Comb.LoadDesign();
    Turb.LoadDesign();
    Nozzle.LoadDesign();
}

void CEngine::Simulate()
{
    Inlet.Run(Height,Mahe,Pins0,Tins0,Pin0,Tin0,Tin1,Pin1,VC0);

    P2 = Pin1*100312./101325.;//进气道压力损失
    T2=Tin1;    P3=P2*PIC;
    Comp.Run(n,T2,P3,P2,W2,W3,T3,H_C,nC);

    Comb.Run(WF,W3,P3,T3,fa4,Wg4,P4,T4);

    P45=P4/PIT;
    Turb.Run(n,P4,T4,Wg4,H_C,P45,T45,Wg45,H_T,nT);

    P6=P45*403637./411875.;//涡轮后过渡段压力损失
    Tt6 = T45;   Wg6 = Wg45;
    Nozzle.Run(VC0,Pins0,W2,P6,Tt6,Wg6,WF,n,A8,Pt8,Tt8,Wg8,Force,SFC);

    y[0]=(Wg4/Wg45)-1.0;      //流量连续方程,式 (2.39)
    y[1]=(Wg6/Wg8)-1.0;       //流量连续方程,式 (2.40)
    y[2]=(Turb.SpoolEff*H_T)/H_C-1.0;  //转子功率平衡方程,式 (2.41)
}

void CEngine::SimuSpool()
{
    Turb.Shaft(dstep,H_T*Turb.SpoolEff,H_C,n);
}


void CEngine::SteadyNR()//稳态仿真
{
    x[0]=1.0;   x[1]=1.0;   x[2]=1.0;   //初猜值的初始化
    SetParameter();                     //牛顿-拉弗森参数初始化
    do
    {
        PIC=x[1]*PICd;  //Simulate模型计算中的压气机压比,将迭代出的新结果重新带回计算
        PIT=x[2]*PITd;  //Simulate模型计算中的涡轮压比,将迭代出的新结果重新带回计算
        n =x[0]*nd;     //Simulate模型计算中的转速,将迭代出的新结果重新带回计算
        Simulate();     //发动机流路计算
        NewtonRaphson(3,x,y,&endflag);
    }
    while(endflag==0);
}

void CEngine::DynamicNR()//动态仿真
{
    x[0]=PIC/PICd;  x[1]=PIT/PITd;  //初猜值的初始化
    SetParameter();                 //牛顿-拉弗森参数初始化
    SimuSpool();                    //转子动力学方程计算下一时刻转速
    do
    {
        PIC=x[0]*PICd;  //Simulate模型计算中的压气机压比,将迭代出的新结果重新带回计算
        PIT=x[1]*PITd;  //Simulate模型计算中的涡轮压比,将迭代出的新结果重新带回计算
        Simulate();     //发动机流路计算
        NewtonRaphson(2,x,y,&endflag);
    }
    while(endflag==0);
}
```

图 2.28　整机数学模型源文件

2.5.8 涡喷发动机非线性部件级模型仿真

发动机各部件以及整机数学模型建立完成之后，即可调用相关函数进行发动机稳态与动态仿真，具体步骤如下：

(1) 在主函数 main 中以 CEngine 类定义涡喷发动机对象 engine；

(2) 加载涡喷发动机设计点参数；

(3) 给定采样时间、飞行高度、飞行马赫数、燃油流量和尾喷管面积到对象 engine 中；

(4) 调用 SteadyNR 函数进行稳态仿真，同时作为动态仿真的起点；

(5) 改变燃油流量，并将发动机模型计算结果保存在 "Simulation.txt" 文件中。

上述仿真过程代码如图 2.29 所示，仿真结果如图 2.30 和图 2.31 所示。

```
void main()//主函数
{
    CEngine engine;            //定义发动机对象
    double time;               //发动机模型仿真时间
    engine.LoadDesign();       //加载发动机设计点参数

    engine.dstep=0.025;        //发动机模型采样时间，单位为s
    engine.Height=0.0;         //飞行高度，单位为m
    engine.Mahe=0.0;           //飞行马赫数
    engine.Wf=0.748;           //燃烧室燃油流量，单位为kg/s
    engine.A8=0.0725;          //尾喷管面积，单位为m²

    engine.SteadyNR();         //稳态仿真，同时作为动态仿真的起点

    //动态仿真
    FILE *fp=fopen(".\\Simulation.txt","w");//将仿真结果保存在"Simulation.txt"文件中
    int k=0;
    for (k=1;k<=1500;k++)
    {
        engine.Wf=engine.Wf-(0.748-0.2)/1000;
        if(k>=1000) engine.Wf=0.2;   //燃油流量从0.748kg/s减少到0.2kg/s
        engine.DynamicNR();
        time=k*engine.dstep;
        fprintf(fp,"%.3f\t\t%.3f\t\t%.3f\n",time,engine.Wf,engine.n);
    }
    fclose(fp);
}
```

图 2.29 发动机模型仿真代码

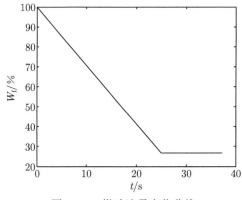

图 2.30 燃油流量变化曲线

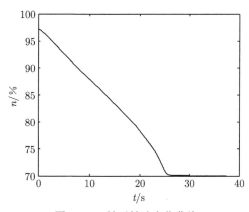

图 2.31 转子转速变化曲线

2.6　涡喷发动机线性模型的 MATLAB 语言实现

2.6.1　小扰动法建立涡喷发动机状态变量模型

采用线性控制理论设计控制器时，往往需要线性模型。小扰动法是针对非线性对象建立其线性模型的经典方法，它的建模原理来源于泰勒级数展开，其做法是对状态变量或控制变量进行微小扰动，并假设其他变量不变，计算状态变量的变化率以及输出变量对该状态变量的偏导数，该偏导数值即线性模型的系数矩阵。

假设单轴涡喷发动机非线性数学模型如下：

$$\begin{aligned}\dot{x} &= f(x,u,v)\\ y &= g(x,u,v)\end{aligned} \tag{2.53}$$

式中，x 为发动机状态变量；u 为发动机控制变量；y 为发动机输出变量；v 为外部飞行条件参数；$f(\cdot)$ 表示发动机微分方程的非线性函数；$g(\cdot)$ 表示输出方程的非线性函数。外部飞行条件参数 v 决定了发动机的飞行状态，在 v 已确定的情况下，x、u 决定了发动机的当期工况。

假设线性模型稳态点的状态变量、控制变量以及输出变量分别为 x_0、u_0 和 y_0，记为 (x_0,u_0,y_0)。在飞行条件确定的情况下，对式 (2.53) 进行泰勒级数展开，可得

$$\begin{aligned}\dot{x} = f(x,u) &\approx f(x_0,u_0) + \left.\frac{\partial f}{\partial x}\right|_{(x_0,u_0)}\Delta x + \left.\frac{\partial f}{\partial u}\right|_{(x_0,u_0)}\Delta u + \cdots\\ y = g(x,u) &\approx g(x_0,u_0) + \left.\frac{\partial g}{\partial x}\right|_{(x_0,u_0)}\Delta x + \left.\frac{\partial g}{\partial u}\right|_{(x_0,u_0)}\Delta u + \cdots\end{aligned} \tag{2.54}$$

忽略式 (2.54) 中二阶项以及二阶以上的项可得

$$\begin{aligned}\dot{x} = f(x,u) &\approx f(x_0,u_0) + \left.\frac{\partial f}{\partial x}\right|_{(x_0,u_0)}\Delta x + \left.\frac{\partial f}{\partial u}\right|_{(x_0,u_0)}\Delta u\\ y = g(x,u) &\approx g(x_0,u_0) + \left.\frac{\partial g}{\partial x}\right|_{(x_0,u_0)}\Delta x + \left.\frac{\partial g}{\partial u}\right|_{(x_0,u_0)}\Delta u\end{aligned} \tag{2.55}$$

式中，$\Delta x = x - x_0$、$\Delta u = u - u_0$、$\Delta y = y - y_0$ 表示系统状态在扰动后相对于稳态的偏差量，则式 (2.55) 可以写为

$$\begin{aligned}\Delta\dot{x} &\approx \dot{x} - \dot{x}_0 = A\Delta x + B\Delta u\\ \Delta y &\approx y - y_0 = C\Delta x + D\Delta u\end{aligned} \tag{2.56}$$

式中，$A = \left.\frac{\partial f}{\partial x}\right|_{(x_0,u_0)}$；$B = \left.\frac{\partial f}{\partial u}\right|_{(x_0,u_0)}$；$C = \left.\frac{\partial g}{\partial x}\right|_{(x_0,u_0)}$；$D = \left.\frac{\partial g}{\partial u}\right|_{(x_0,u_0)}$。矩阵 $A \in R^{n\times n}$，$B \in R^{n\times m}$，$C \in R^{l\times n}$，$D \in R^{l\times m}$。n 为系统状态变量个数，m 为系统控制变量个数，l 为输出变量个数，矩阵中元素的表达式可写为

$$a_{ij} = \left(\frac{\partial f_i}{\partial x_j}\right)_{\Delta x_{j'}=0,\Delta u_l=0}, \quad c_{kj} = \left(\frac{\partial f_i}{\partial x_j}\right)_{\Delta x_{j'}=0,\Delta u_l=0} \tag{2.57}$$

为了保证小扰动法建立的模型没有稳态误差, 对于式 (2.56) 中矩阵 $\boldsymbol{B}$、$\boldsymbol{D}$ 元素的求解, 采用稳态数值解析法, 给定一个控制量阶跃, 其余保持为 0, 则稳态终值可以写为

$$
\begin{aligned}
\begin{bmatrix} b_{1j} \\ b_{2j} \\ \vdots \\ b_{nj} \end{bmatrix} &= \begin{bmatrix} a_{11} & a_{12} & \cdots & a_{1n} \\ a_{21} & a_{22} & \cdots & a_{2n} \\ \vdots & \vdots & & \vdots \\ a_{n1} & a_{n2} & \cdots & a_{nn} \end{bmatrix} \begin{bmatrix} x_1 \\ x_2 \\ \vdots \\ x_n \end{bmatrix} [\Delta u_j]^{-1} \\
\begin{bmatrix} d_{1j} \\ d_{2j} \\ \vdots \\ d_{lj} \end{bmatrix} &= \begin{bmatrix} c_{11} & c_{12} & \cdots & c_{1n} \\ c_{21} & c_{22} & \cdots & c_{2n} \\ \vdots & \vdots & & \vdots \\ c_{l1} & c_{l2} & \cdots & c_{ln} \end{bmatrix} \begin{bmatrix} x_1 \\ x_2 \\ \vdots \\ x_n \end{bmatrix} [\Delta u_j]^{-1}
\end{aligned} \tag{2.58}
$$

发动机状态变量、控制变量的单位不同, 可能导致发动机参数数量级相差非常大, 直接采用原始数据进行小扰动法建模, 容易造成系统矩阵为刚性矩阵, 不利于后续控制器的求解设计。针对该问题, 可以采用归一化的方法对扰动得到的数据进行预处理, 使其变成无量纲的数据。采用处理后的数据进行建模可以避免系数矩阵数量级上的差异, 降低出现刚性矩阵的风险。

基于以上考虑, 对于模型状态变量采用归一化之后建立的新的状态变量, 以发动机转速为例, 归一化规则为

$$
n = \frac{\bar{n}}{n_{\mathrm{ds}}} \times 100\% \tag{2.59}
$$

式中, $\bar{n}$ 为发动机转子转速; n_{ds} 为地面设计点处转子转速; n 为对应的归一化之后的转速。其他输出变量、控制变量同样采用设计点的量进行归一化, 不再重复赘述。

2.6.2　涡扇发动机状态变量模型的 MATLAB 语言实现

以某双轴涡扇发动机为例, 选取状态变量、控制变量和输出变量分别为 $\boldsymbol{x}(t) = [n_{\mathrm{L}}(t)\ n_{\mathrm{H}}(t)]^{\mathrm{T}}$, $\boldsymbol{u}(t) = [W_{\mathrm{f}}(t)\ A_8(t)]^{\mathrm{T}}$, $\boldsymbol{y}(t) = [n_{\mathrm{L}}(t)\ n_{\mathrm{H}}(t)]^{\mathrm{T}}$, 在地面工作点 $H = 0\mathrm{km}$, $Ma = 0$, $W_{\mathrm{f}} = 2.48\mathrm{kg/s}$, $A_8 = 0.26\mathrm{m}^2$, 采用小扰动法, 对发动机非线性部件级模型进行小阶跃仿真 (主供油量 $W_{\mathrm{f}}(t)$ 和尾喷口面积 $A_8(t)$ 分别阶跃 2%), 获得该发动机线性模型为

$$
\begin{cases} \Delta \dot{\boldsymbol{x}}(t) = \boldsymbol{A}\Delta\boldsymbol{x}(t) + \boldsymbol{B}\Delta\boldsymbol{u}(t) \\ \Delta\boldsymbol{y}(t) = \boldsymbol{C}\Delta\boldsymbol{x}(t) \end{cases} \tag{2.60}
$$

在 MATLAB 中利用 m 语言编写小扰动法程序。首先, 建立小扰动法的 m 语言脚本文件。在 MATLAB 软件主界面上单击 "新建脚本", 建立文件名为 "Untitled.m" 的脚本文件 (图 2.32)。在保存文件时, 可以改为自定义的文件名。

在图 2.32 所示的脚本文件中, 编写小扰动法建立状态变量模型的程序, 如图 2.33 所示, 具体步骤如下。

(1) 载入动态链接库 (由非线性部件级模型生成), 并设置初始条件。

(2) 获得设计点动态平衡时的相关数据 (图 2.34)。

(3) 求取线性模型 (2.60) 中矩阵 $\boldsymbol{A}$ 的值。在不改变主燃油流量 W_f 和尾喷管出口面积 A_8 的条件下，先使低压转子转速 n_L 做 2% 的阶跃，根据式 (2.57) 可获得矩阵 $\boldsymbol{A}$ 第一列的值，再使高压转子转速 n_H 做 2% 的阶跃，根据式 (2.57) 可获得矩阵 $\boldsymbol{A}$ 第二列的值。求取矩阵 $\boldsymbol{A}$ 元素的程序代码如图 2.35 所示。

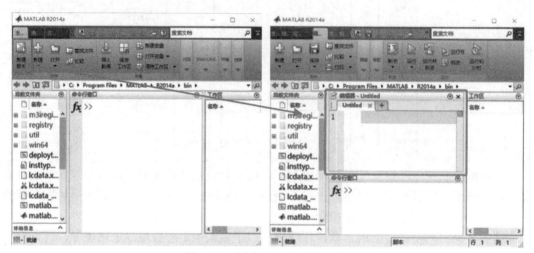

图 2.32　　新建 m 语言脚本文件

```
%% 载入动态链接库
libName='EngineDll';
libNamePath='EngineDll.dll';
libNameHeader='EngineDll.h';
if ~libisloaded(libName)
    loadlibrary(libNamePath,libNameHeader);
    disp('model is loaded!');
end

%% 各变量初始化
global  deltasteady
global H;
global Ma;
global Wf;
dstep=0.02;%选取的步长
H=0;%工作点高度
Ma=0;%工作点马赫数
P0=101325;%环境压力
T0=288.15;%环境温度
Wf=2.48;%主燃油流量
A8=0.2597;%尾喷管出口面积
A9=0.324625;%尾喷管喷口喉道面积
CVGP=0;%压气机导叶角角度
```

图 2.33　　小扰动法建立状态变量模型初始化部分代码

```
%% 获取设计点数据
data_in_Steady=[H Ma P0 T0 Wf  Wfa  A8 A9];
data_in_Dynamic=[dstep H Ma P0 T0 Wf Wfa A8 A9];
data_out_Steady=zeros(1,100);
data_out_Dynamic=zeros(1,100);%接口对应于[nL,nH,T43,EPR,P2,P43,P6,T22]
[data_in_Steady,data_out_Steady]=calllib(libName,'Steady',data_in_Steady,data_out_Steady);
for i=1:1000    % 从设计点稳态到动态平衡
[data_in_Dynamic,data_out_Dynamic]=calllib(libName,'Dynamic',data_in_Dynamic,data_out_Dynamic);
end
%保存动态平衡时的值及发动机动态平衡状态
St=data_out_Dynamic(1,1:8);
```

图 2.34　　小扰动法建立状态变量模型获取设计点数据部分代码

```
%% 求A
%NL脉冲
NLNH=[1.02*St(1) St(2)];%给低压转子转速2%的脉冲
call1lib(libName,'setNLandNH',NLNH);
[data_in_Dynamic,data_out_Dynamic]=call1lib(libName,'Dynamic',data_in_Dynamic,data_out_Dynamic);%获得脉冲后的各参数数值
deltatemp11=(data_out_Dynamic(1,1)-St(1)*1.02)/0.02;%求得nLdot,即d(nL)/dt
deltatemp21=(data_out_Dynamic(1,2)-St(2))/0.02;%求得nHdot,即d(nH)/dt
a11=deltatemp11/0.02;%求出A第一行第一列的值
a21=deltatemp21/0.02;%求出A第二行第一列的值


%NH脉冲
Load();
NLNH=[St(1) 1.02*St(2)];%给高压转子转速2%的脉冲
call1lib(libName,'setNLandNH',NLNH);
[`,data_out_Dynamic]=call1lib(libName,'Dynamic',data_in_Dynamic,data_out_Dynamic);%获得脉冲后的各参数数值
deltatemp12=(data_out_Dynamic(1,1)-St(1))/0.02;%求nLdot,即d(nL)/dt
deltatemp22=(data_out_Dynamic(1,2)-St(2)*1.02)/0.02;%求nHdot,即d(nH)/dt
a12=deltatemp12/0.02;%求出A第一行第二列的值
a22=deltatemp22/0.02;%求出A第二行第二列的值
A=[a11,a12;a21,a22];%整理为A矩阵
```

图 2.35　小扰动法建立状态变量模型计算矩阵 $\boldsymbol{A}$ 部分代码

(4) 分别使主燃油流量 W_f 和尾喷管出口面积 A_8 做 2% 的阶跃，并依据式 (2.58)，由求得的矩阵 $\boldsymbol{A}$ 和输入阶跃量，求取矩阵 $\boldsymbol{B}$ 中的元素，程序代码如图 2.36 所示。

```
%% 根据A求B
%Wf阶跃
Load();
data_in_Dynamic=[dstep H Ma PO TO Wf*1.02 Wfa A8 A9];%给主燃油流量2%的阶跃
for i=1:1000
    [data_in_Dynamic,data_out_Dynamic]=call1lib(libName,'Dynamic',data_in_Dynamic,data_out_Dynamic);%获得阶跃后的各参数数值
end
temp1=data_out_Dynamic(1,1);
temp21=data_out_Dynamic(1,2);
b0=A*[(temp1-St(1));(temp21-St(2))];
b11=-b0(1) /0.02;%求出B第一行第一列的值
b21=-b0(2) /0.02;%求出B第二行第一列的值

%A8阶跃
Load();
data_in_Dynamic=[dstep H Ma PO TO Wf Wfa A8*1.02 A9];%给尾喷管出口面积2%的阶跃
for i=1:1000
    [data_in_Dynamic,data_out_Dynamic]=call1lib(libName,'Dynamic',data_in_Dynamic,data_out_Dynamic);%获得阶跃后的各参数数值
end
temp1=data_out_Dynamic(1,1);temp21=data_out_Dynamic(1,2);temp31=data_out_Dynamic(1,3);
b0=A*[(temp1-St(1));(temp21-St(2))];
deltasteady(1:8,2)=(data_out_Dynamic(1:8)-St);
b12=-b0(1)/0.02;%求出B第一行第二列的值
b22=-b0(2)/0.02;%求出B第二行第二列的值
B=[b11,b12;b21,b22];%整理为B矩阵
```

图 2.36　小扰动法建立状态变量模型计算矩阵 $\boldsymbol{B}$ 部分代码

采用上述小扰动法 m 语言程序，可获得式 (2.60) 中矩阵 $\boldsymbol{A}$、$\boldsymbol{B}$、$\boldsymbol{C}$ 分别为

$$\boldsymbol{A} = \begin{bmatrix} -3.012 & 2.389 \\ -0.124 & -2.762 \end{bmatrix}, \quad \boldsymbol{B} = \begin{bmatrix} 1.208 & 1.232 \\ 0.579 & 0.514 \end{bmatrix}, \quad \boldsymbol{C} = \begin{bmatrix} 1 & 0 \\ 0 & 1 \end{bmatrix} \tag{2.61}$$

在相同的输入下，分别计算式 (2.60) 和式 (2.61) 所示的线性模型输出和用于线性化的涡扇发动机非线性模型输出，两个结果分别如图 2.37 和图 2.38 所示。由图可知，线性模型相对于非线性模型无稳态误差，线性模型动态过程与非线性模型保持一致，因此线性模型具有良好的稳态和动态精度。

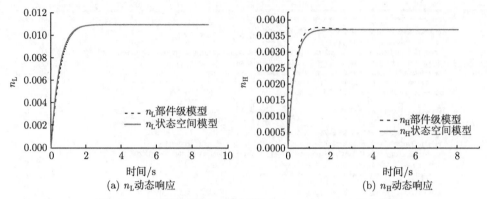

图 2.37　主燃油流量 2%阶跃扰动下 n_L 和 n_H 动态响应

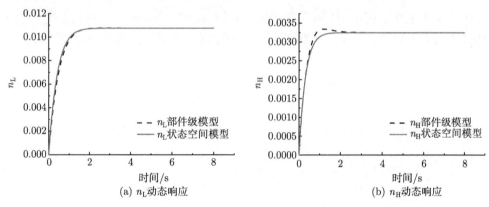

图 2.38　尾喷管出口面积 2%阶跃扰动下 n_L 和 n_H 动态响应

2.7　小　　结

本章针对组成发动机闭环控制系统中的发动机 (被控对象)、传感器、执行机构，首先介绍了发动机非线性部件级模型及其求解方法、传感器与执行机构传递函数数学模型。然后重点介绍了采用 VC++ 语言实现单轴涡喷发动机非线性部件级建模的过程，包括进气道、压气机、燃烧室、涡轮和尾喷管部件模型类实现，以及整机模型类实现和整机模型仿真。在非线性模型基础上，采用小扰动法建立发动机线性模型，并采用 m 语言实现小扰动法建立状态变量模型的过程，对比给出了线性模型和非线性模型的仿真结果，验证了线性模型的精度。

习　　题

2-1　假设某单轴涡喷发动机设计点参数如题图 2.1 所示，其中发动机转动惯量 $J = 2\text{kg·m}^2$，压气机与涡轮特性图见附录 3 和附录 4，请依据此建立发动机部件级模型。

Station	W	T	P	WRstd			
amb		288.15	101.325		FN	=	30.14
2	30.000	288.15	101.325	30.000	TSFC	=	27.2053
3	30.000	672.88	1519.875	3.056	FN/W2	=	1004.52
31	30.000	672.88	1519.875		Prop Eff	=	0.0000
4	30.820	1600.00	1474.279	4.991	eta core	=	0.4355
41	30.820	1600.00	1474.279	4.991			
49	30.820	1294.93	509.945		WF	=	0.81985
5	30.820	1294.93	509.945	12.982	s NOx	=	0.39140
6	30.820	1294.93	509.945		XM8	=	1.0000
8	30.820	1294.93	509.945	12.982	A8	=	0.0574
P2/P1 = 1.0000		P6/P5 = 1.0000	CD8 = 0.9600		P8/Pamb	=	5.0328
Efficiencies:	isentr	polytr	RNI	P/P	Ang8	=	20.00
Compressor	0.8500	0.8940	1.000	15.000	W_NGV/W2	=	0.00000
Burner	0.9999			0.970	WCL/W2	=	0.00000
Turbine	0.8900	0.8774	0.833	2.891	Loading %=		100.00
Spool mech	0.9999	Nominal Spd	12000		e45 th	=	0.89000
Bleed Air:	PBld = 1519.87	TBld = 672.9			WBld/W2	=	0.00000
					PWX	=	0.00
					ZWBld	=	0.00000

hum [%]	war0	FHV	Fuel
0.0	0.00000	43.124	Generic

题图 2.1 基于 GasTurb 软件生成的涡喷发动机设计点参数

2-2 假设某涡轴发动机设计点参数如题图 2.2 所示，其中压气机和燃气发生器转子组件的转动惯量为 $0.05\text{kg} \cdot \text{m}^2$，动力涡轮转子转动惯量为 $0.4\text{kg} \cdot \text{m}^2$，请依据此建立发动机部件级模型。

Station	W	T	P	WRstd			
amb		288.15	101.325		PWSD	=	1109.38
1		288.15	101.325		PSFC	=	0.2586
2	3.500	288.15	101.325	3.500	Heat Rate=		11150.3
3	3.500	657.99	1317.225	0.407	V0	=	0.00
31	3.500	657.99	1317.225		FN res	=	0.44
4	3.580	1450.00	1277.708	0.637	WF	=	0.07968
41	3.580	1450.00	1277.708	0.637	s NOx	=	0.34237
43	3.580	1148.01	381.842		Therm Eff=		0.32286
44	3.580	1148.01	381.842		P45/P44	=	0.97500
45	3.580	1148.01	372.296	1.945			
49	3.580	880.42	106.495		Incidence=		0.00000
5	3.580	880.42	106.495	5.953	P6/P5	=	0.98000
6	3.580	880.42	104.365		PWX	=	0
8	3.580	880.42	104.365	6.075	P8/Pamb	=	1.03000
P2/P1 = 1.0000					A8	=	0.07265
Efficiencies:	isentr	polytr	RNI	P/P	TRQ [%]	=	100.0
Compressor	0.8200	0.8705	1.000	13.000	eta t-s	=	0.86096
Burner	0.9990			0.970	Loading %=		100.00
HP Turbine	0.8500	0.8307	0.850	3.346	e444 th	=	0.85000
LP Turbine	0.8900	0.8737	0.364	3.496	WHcl/W2	=	0.00000
HP Spool Eff	0.9980	Nominal Spd	38422		WLcl/W2	=	0.00000
PT Spool Eff	0.9780	Nominal Spd	20000		WBld/W2	=	0.00000
Generator	1.0000				PW_gen	=	1109.4
Bleed Air:	PBld = 1317.22	TBld = 658.0			ZWBld	=	0.00000

hum [%]	war0	FHV	Fuel
0.0	0.00000	43.124	Generic

题图 2.2 基于 GasTurb 软件生成的涡轴发动机设计点参数

2-3 针对习题 2-1 建立的单轴涡喷发动机部件级模型，请建立涡喷发动机的状态变量模型。

第3章 航空发动机线性控制方法设计与仿真实践

航空发动机在过渡态和飞行高度马赫数变化时，表现为一种高度非线性、时变的系统，但由于对非线性系统直接进行控制较为复杂，通常先将航空发动机在工作点进行线性化，然后采用研究较为成熟的线性控制方法进行控制。线性控制方法是经典控制理论中的重要组成部分，其中 PID 控制是历史悠久、应用最为广泛的一种线性控制方法，至今仍然应用于发动机控制系统的各个子系统中。本章主要介绍航空发动机的控制结构，线性控制中经典的 PID 控制器以及控制器的 MATLAB/Simulink 实现。

3.1 航空发动机控制系统的结构

航空发动机控制系统工作过程中，要求既能保证发动机工作状态的最优性和稳定性，又能保证其结构强度。为达到此目的，必须对发动机的使用进行限制，如使压气机部件稳定裕度大于最小容许值，发动机在加减速状态下，应满足气动稳定性要求，发动机转速应小于转速极限值等。

目前，广泛采用的航空发动机控制架构为多个线性控制器基本结构 +Min-Max 选择器的结构，其结构示意图如图 3.1 所示。

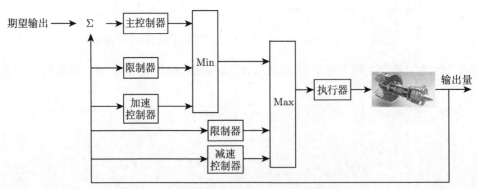

图 3.1 基于线性控制器和 Min-Max 的控制架构

这种结构的主要思路是将发动机的限制器分为两类，分别为最大限制器和最小限制器。将所有最大限制器的输出通过 Min 选择器进行对比选择，从中选择输出量最小的控制器并将其激活，再将其与最小限制器的输出通过 Max 选择器选择，激活其中输出量最大的控制器，作为最终的指令输出。通过这两层选择器的操作，能够保证发动机控制器产生的控制信号小于任何最大限制器产生的值，并大于任何最小限制器产生的值。反映到实际的发动机运行状态中，即使期望的发动机运行状态与当前发动机状态之间的误差在幅度上小于发动机极限和当前状态之间的误差，从而保证在发动机安全运行的前提下，使发动机过渡到期望的状态。这种结构具有控制逻辑严密、容易实现的特点，因此在民用发动机中得到了广泛的应用，如 GE90、PW2000 等。

3.2 航空发动机模型线性化

第 2 章建立的发动机部件级模型是一个典型的非线性模型，考虑到目前成熟的发动机数字控制系统是基于线性化模型进行设计的，出于控制系统设计的实际需求，需要对建立的部件级模型进行线性化。

涡扇发动机的非线性模型可以表示为

$$
\begin{cases}
\dot{\boldsymbol{x}} = f(\boldsymbol{x}, \boldsymbol{u}) \\
\boldsymbol{y} = g(\boldsymbol{x}, \boldsymbol{u})
\end{cases}
\tag{3.1}
$$

式中，$\boldsymbol{x}$ 为状态量向量；$\boldsymbol{u}$ 为控制量向量；$\boldsymbol{y}$ 为输出量向量。

求取线性化状态变量模型的方法一般有小扰动法、拟合法等。小扰动法，顾名思义，即通过对稳定状态进行小扰动来获取系统状态空间模型的方法，该方法操作简单。拟合法是采用迭代修正系统矩阵的方法使线性化模型逼近非线性模型，其求解精度较高。本节采用一种特殊的拟合法，即一步最小二乘法进行求解。

一步最小二乘法能够在线性最小二乘准则下，无须迭代过程即可完成状态空间模型的求取工作，求解速度较快。

对于一个稳态工作点，发动机状态变量模型可表示为

$$
\begin{cases}
\Delta \dot{x} = \boldsymbol{A} \Delta x + \boldsymbol{B} \Delta u \\
\Delta y = \boldsymbol{C} \Delta x + \boldsymbol{D} \Delta u
\end{cases}
\tag{3.2}
$$

式中，$\boldsymbol{A}$、$\boldsymbol{B}$、$\boldsymbol{C}$、$\boldsymbol{D}$ 表示各数值矩阵。

式 (3.2) 的离散形式为

$$
\begin{cases}
\Delta x(k+1) = \bar{\boldsymbol{A}} \Delta x(k) + \bar{\boldsymbol{B}} \Delta u(k) \\
\Delta y(k) = \boldsymbol{C} \Delta x(k) + \boldsymbol{D} \Delta u(k)
\end{cases}
\tag{3.3}
$$

式中，$\bar{\boldsymbol{A}} = \boldsymbol{I} + \boldsymbol{A} \Delta t$；$\bar{\boldsymbol{B}} = \boldsymbol{B} \Delta t$；$\Delta t$ 为采样时间。

通过对控制量进行扰动，向系统输入扰动信号，可获得非线性模型的输入/输出数据，

并将其与稳态数据进行求差，可得到偏差矩阵如下：

$$\boldsymbol{T}_x = \left[\begin{array}{cccc} \Delta x\,(1) & \Delta x\,(2) & ... & \Delta x\,(N) \end{array} \right]$$

$$\boldsymbol{T}_y = \left[\begin{array}{cccc} \Delta y\,(0) & \Delta y\,(1) & ... & \Delta y\,(N-1) \end{array} \right]$$

$$\boldsymbol{P}_x = \left[\begin{array}{cccc} \Delta x\,(0) & \Delta x\,(1) & ... & \Delta x\,(N-1) \\ \Delta u_1\,(0) & \Delta u_1\,(1) & ... & \Delta u_1\,(N-1) \end{array} \right] \tag{3.4}$$

式中，$\boldsymbol{P}_x$ 为状态量与第一个控制量的偏差矩阵。式 (3.4) 中的三个矩阵具有如下关系：

$$\begin{cases} \boldsymbol{T}_x = \left[\begin{array}{cc} \bar{\boldsymbol{A}} & \bar{\boldsymbol{B}} \end{array} \right] \boldsymbol{P}_x \\ \boldsymbol{T}_y = \left[\begin{array}{cc} \boldsymbol{C} & \boldsymbol{D} \end{array} \right] \boldsymbol{P}_x \end{cases} \tag{3.5}$$

则系数矩阵可推导为

$$\left[\begin{array}{cc} \hat{\boldsymbol{A}} & \hat{\boldsymbol{B}} \\ \hat{\boldsymbol{C}} & \hat{\boldsymbol{D}} \end{array} \right] = \left[\begin{array}{c} \boldsymbol{T}_x \boldsymbol{P}_x^{\mathrm{T}} \left(\boldsymbol{P}_x \boldsymbol{P}_x^{\mathrm{T}} \right)^{-1} \\ \boldsymbol{T}_y \boldsymbol{P}_x^{\mathrm{T}} \left(\boldsymbol{P}_x \boldsymbol{P}_x^{\mathrm{T}} \right)^{-1} \end{array} \right] \tag{3.6}$$

式中，等号左侧为最小二乘法推导得到的系数矩阵。

如需将状态空间方程转化为传递函数形式，可采用式 (3.7) 进行变换：

$$G\,(s) = \boldsymbol{C}\,(s\boldsymbol{I} - \boldsymbol{A})^{-1}\,\boldsymbol{B} + \boldsymbol{D} \tag{3.7}$$

3.3 线性控制器设计方法

简化 3.1 节中控制器的结构，只考虑单个线性控制器，单回路控制系统结构如图 3.2 所示。

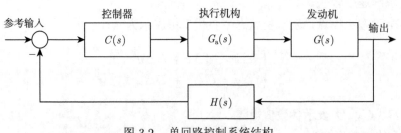

图 3.2 单回路控制系统结构

通常情况下，线性化后的发动机模型 $G\,(s)$ 可以简化为具有 1~2 个零点、2 个极点的二阶对象，对于单轴发动机，可以简化为一个惯性环节。执行机构模型 $G_{\mathrm{a}}\,(s)$ 可以看成无零点或 1 个零点、1 个极点的一阶对象。传感器一般响应较快，其动态特性通常忽略不计 (热电偶温度传感器除外)。因此，发动机控制回路的被控对象，其线性模型一般有 0~2 个零点、1~3 个极点。

由自动控制原理可知, 若要在某个工作点实现无稳态误差, 则反馈补偿的回路必须至少有一个积分器 (极点在原点)。此外, 这种类型的控制器回路还增加了抗干扰功能。事实上, 对象阶跃干扰已被完全过滤。对于发动机控制回路, 被控对象通常不包含积分器, 因此控制器必须包含可用的积分器。将包含可用积分器的控制器与对象传递函数串联起来构成一个类型为 I 的增广对象模型, 可以实现阶跃输入无稳态误差。若执行机构小闭环系统包含积分器, 则采用这种包含积分器的串联控制器可以达到斜坡输入无稳态误差的效果。发动机控制系统中广泛采用的包含积分器的控制器为比例积分 (proportional integral, PI) 控制器, PI 控制律为

$$C(s) = K_{\mathrm{p}} \left(1 + \frac{1}{T_{\mathrm{i}} s} \right) \tag{3.8}$$

式中, K_{p} 为比例系数; T_{i} 为积分时间常数。

PID 控制是历史悠久、应用最为广泛的一种线性控制方法。PID 控制器结构简单、稳定性好、工作可靠、调整方便, 因此成为工业控制的主要设备之一。至今, PID 控制器仍然广泛应用于发动机控制系统的各个子系统中。

3.3.1　PID 控制原理

在模拟控制系统中, 控制器最常用的控制律是 PID 控制律。模拟 PID 控制系统原理框图如图 3.3 所示, 该系统由模拟 PID 控制器和被控对象组成。

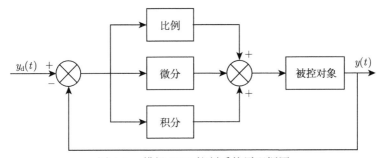

图 3.3　模拟 PID 控制系统原理框图

PID 控制器是一种线性控制器, 它以参考值 $y_{\mathrm{d}}(t)$ 与实际输出值 $y(t)$ 之差作为控制偏差:

$$e(t) = y_{\mathrm{d}}(t) - y(t) \tag{3.9}$$

PID 控制律为

$$u(t) = K_{\mathrm{p}} \left[e(t) + \frac{1}{T_{\mathrm{i}}} \int_0^t e(t)\, \mathrm{d}t + \frac{T_{\mathrm{d}} \mathrm{d}e(t)}{\mathrm{d}t} \right] \tag{3.10}$$

或写为传递函数的形式:

$$G(s) = \frac{U(s)}{E(s)} = K_{\mathrm{p}} \left(1 + \frac{1}{T_{\mathrm{i}} s} + T_{\mathrm{d}} s \right) \tag{3.11}$$

式中, K_{p} 为比例系数; T_{i} 为积分时间常数; T_{d} 为微分时间常数。

简单来说，PID 控制器各校正环节的作用如下。

(1) 比例环节：能够及时反映控制系统的偏差信号 $e(t)$，偏差一旦产生，控制器立即与偏差信号 $e(t)$ 大小成比例地产生控制作用，以减小误差。当偏差 $e=0$ 时，控制作用也为 0。比例环节可以加快调节速度，减少误差，但是过大的比例会使系统的稳定性下降，甚至造成系统的不稳定。

(2) 积分环节：主要用于消除静差，提高系统的无差度。积分作用的强弱取决于积分时间常数 T_i，积分时间常数 T_i 越大，积分作用越弱，反之则越强。但加入积分调节也会使系统的稳定性下降，动态响应速度变慢，因此一般情况下积分环节与其他环节配合使用。

(3) 微分环节：可以反映偏差信号的变化趋势 (变化速率)，并能在偏差信号变得过大之前，在系统中引入一个有效的早期修正信号。微分环节可以改善系统的动态性能，在微分时间选择合适的情况下，可以减少超调，并减少调节时间。但是微分作用对噪声干扰有放大作用，因此过强地加入微分调节不利用系统抗干扰。

3.3.2 零极点相消法

零极点相消法适用于具有一阶惯性环节特性的被控对象。零极点相消法是通过设定控制器的零点与被控对象主导极点相消来使闭环系统的开环传递函数转化为低阶的系统，再选择适当的比例系数，就能使闭环系统的动态响应拥有期望的动态性能。

设单轴发动机的开环传递函数为

$$G(s) = \frac{K_e}{T_e s + 1} \tag{3.12}$$

式中，K_e 为发动机增益；T_e 为发动机时间常数。

若控制器采用 PI 控制，则其传递函数为

$$C(s) = K_p \left(1 + \frac{1}{T_i s} \right) \tag{3.13}$$

系统的开环传递函数为

$$G_0(s) = G(s)C(s) = K_e K_p \frac{(T_i s + 1)}{T_i s (T_e s + 1)} \tag{3.14}$$

令 $T_i = T_e$，则控制系统的开环传递函数可以简化为

$$G_0(s) = G(s)C(s) = \frac{K_e K_p}{T_i s} \tag{3.15}$$

闭环传递函数为

$$G_c(s) = \frac{1}{\dfrac{T_i}{K_e K_p} s + 1} \tag{3.16}$$

闭环系统是一阶惯性环节，若系统的期望调节时间是 t_s (误差 $\Delta = \pm 5\%$)，则 $K_p = \dfrac{3T_i}{K_e t_s}$。

若考虑执行机构的影响，则可以设执行机构的传递函数为

$$G_{\mathrm{a}}\left(s\right) = \frac{K_{\mathrm{a}}}{T_{\mathrm{a}}s + 1} \tag{3.17}$$

式中，K_{a} 为执行机构增益；T_{a} 为执行机构时间常数。

采用 PI 控制，令 $T_{\mathrm{i}} = T_{\mathrm{e}}$，这样就可以抵消发动机对象的开环极点，最终得到的开环传递函数为

$$G_{0}\left(s\right) = \frac{K_{\mathrm{e}}K_{\mathrm{p}}K_{\mathrm{a}}}{T_{\mathrm{i}}s\left(T_{\mathrm{a}}s + 1\right)} \tag{3.18}$$

由此得到的闭环传递函数为

$$G_{\mathrm{c}}\left(s\right) = \frac{K_{\mathrm{e}}K_{\mathrm{p}}K_{\mathrm{a}}}{T_{\mathrm{i}}T_{\mathrm{a}}s^2 + T_{\mathrm{i}}s + K_{\mathrm{e}}K_{\mathrm{p}}K_{\mathrm{a}}} \tag{3.19}$$

式 (3.19) 是一个无零点的二阶系统，可以选择适当的积分时间常数 T_{i} 来满足系统性能的要求。在发动机线性控制器设计中，无零点的一阶或二阶发动机对象比较适合使用零极点相消法。

3.3.3　无零极点相消法

假设 PID 控制器具有以下形式：

$$C\left(s\right) = \frac{c_2 s^2 + c_1 s + c_0}{s\left(s + l_0\right)} \tag{3.20}$$

式中，c_0、c_1、c_2 和 l_0 均为常数。

被控对象二阶模型为

$$G\left(s\right) = \frac{b_1 s + b_0}{s^2 + a_1 s + a_0} \tag{3.21}$$

式中，a_0、a_1、b_0 和 b_1 均为常数。

在没有零极点消除的情况下，该 PID 控制系统的开环传递函数为

$$L\left(s\right) = C\left(s\right)G\left(s\right) = \frac{c_2 s^2 + c_1 s + c_0}{s\left(s + l_0\right)}\frac{b_1 s + b_0}{s^2 + a_1 s + a_0} \tag{3.22}$$

它的闭环传递函数为

$$T\left(s\right) = \frac{L\left(s\right)}{1 + L\left(s\right)} = \frac{\left(c_2 s^2 + c_1 s + c_0\right)\left(b_1 s + b_0\right)}{s\left(s + l_0\right)\left(s^2 + a_1 s + a_0\right) + \left(s^2 + a_1 s + a_0\right)\left(b_1 s + b_0\right)} \tag{3.23}$$

需要注意的是，闭环传递函数的分母是四阶多项式，并且在设计中需要确定四个未知控制器参数。因此，所需的闭环特征多项式 $A_{\mathrm{cl}}\left(s\right)$ 必须是复平面左半部分全为零的四阶多项式。假设闭环特征多项式 $A_{\mathrm{cl}}\left(s\right)$ 具有以下形式：

$$A_{\mathrm{cl}}\left(s\right) = \left(s^2 + 2\zeta\omega_{\mathrm{n}}s + \omega_{\mathrm{n}}^2\right)\left(s + \lambda_1\right)^2 \tag{3.24}$$

式中，ζ 为阻尼比；ω_n 为自然频率；λ_1 为常数。主导极点为 $-\zeta\omega_n \pm j\sqrt{1-\zeta^2}\omega_n$ ($\zeta = 0.707$或1)，并且 $\lambda_1 \geqslant \omega_n \geqslant 0$。

为了简化计算，所需的闭环特征多项式 $A_{cl}(s)$ 可表示为 $s^4 + t_3 s^3 + t_2 s^2 + t_1 s + t_0$。为了将闭环极点分配到所需的位置，求解丢番图方程：

$$
\begin{aligned}
&s(s+l_0)(s^2 + a_1 s + a_0) + (s^2 + a_1 s + a_0)(b_1 s + b_0) \\
&= s^4 + t_3 s^3 + t_2 s^2 + t_1 s + t_0
\end{aligned}
\tag{3.25}
$$

通过简化等式左侧，式 (3.25) 可进一步写为

$$
\begin{aligned}
&s^4 + (b_1 c_2 + a_1 + l_0)s^3 + (b_1 c_1 + b_0 c_2 + a_0 + a_1 l_0)s^2 \\
&\quad + (b_1 c_0 + b_0 c_1 + l_0 a_0)s + b_0 c_0 \\
&= s^4 + t_3 s^3 + t_2 s^2 + t_1 s + t_0
\end{aligned}
\tag{3.26}
$$

比较式 (3.26) 等号两侧有

$$s^3 : b_1 c_2 + a_1 + l_0 = t_3 \tag{3.27}$$

$$s^2 : b_1 c_1 + b_0 c_2 + a_0 + a_1 l_0 = t_2 \tag{3.28}$$

$$s : b_1 c_0 + b_0 c_1 + l_0 a_0 = t_1 \tag{3.29}$$

$$s^0 : b_0 c_0 = t_0 \tag{3.30}$$

为求解方便，这组线性方程用矩阵表示为

$$
\begin{bmatrix}
1 & b_1 & 0 & 0 \\
b_1 & b_0 & b_1 & 0 \\
a_0 & 0 & b_0 & b_1 \\
0 & 0 & 0 & b_0
\end{bmatrix}
\begin{bmatrix}
l_0 \\
c_2 \\
c_1 \\
c_0
\end{bmatrix}
=
\begin{bmatrix}
t_3 - a_1 \\
t_2 - a_0 \\
t_1 \\
t_0
\end{bmatrix}
\tag{3.31}
$$

其中，假设矩阵 Sy(Sylvester 矩阵)(等号左侧第一项) 是可逆的。

3.3.4 根轨迹法

根轨迹法是一种图形设计方法，通过设置控制器零极点位置来确定根轨迹的形状，从而达到期望闭环系统性能的目标。首先，为了保证闭环系统的稳定性，需要确保所有的闭环极点都位于 s 左半平面内。闭环系统的稳态性能可以通过选择控制器的结构来使被控对象的类型满足要求。闭环系统的动态性能由闭环极点的位置来保证。通常闭环系统动态性能指标由超调量和调节时间给出，这时闭环极点应位于 s 平面的扇形区域内，如图 3.4 所示。

以单轴发动机为例来说明根轨迹法，以发动机的燃油量为输入，转子转速为输出的传递函数惯性环节，采用 PI 控制律来控制发动机的转速。假设执行机构和传感器的动态比发动机的动态快得多，转速控制回路如图 3.5 所示。

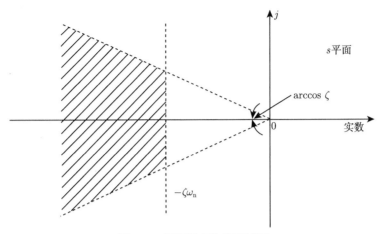

图 3.4　闭环极点位置区域图

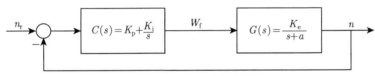

图 3.5　发动机转速控制回路

图 3.5 中，K_e 为发动机增益；a 为系数，与发动机时间常数 T_e 的关系为 $T_e = \dfrac{1}{a}$；K_p 为比例系数；K_i 为积分系数；转子转速 n 为输出变量；n_r 为指令控制变量；W_f 为燃油量。

该发动机转速控制回路的开环传递函数为

$$G_0 = \frac{K_e K_p \left(s + \dfrac{K_i}{K_p}\right)}{s\,(s+a)} \tag{3.32}$$

这是一个极点位于 $0 \sim -a$，零点位于 $-\dfrac{K_i}{K_p}$ 的二阶对象，根轨迹增益为 $K_e K_p$。

设单轴发动机标称工作点参数为：稳态转速为 $3300\mathrm{r/min}$，发动机时间常数 $T_e = 0.60\mathrm{rad/s}$，$K_e = 72.69(\mathrm{r/min})/(\mathrm{kg/h})$。

开环极点为 0 和 $-a$，零点为 $-\dfrac{K_i}{K_p}$，因此由根轨迹法可知，无论根轨迹增益如何选择，根轨迹都在 s 左半平面内，系统是稳定的。进一步，开环零点 (PI 控制的零点) 的位置有以下两种可能。

(1) 可能 1：弱积分器，积分器增益值较小，导致零点位于 $0 \sim -a$。

(2) 可能 2：强积分器，积分器增益值较大，导致零点位于 $-a$ 左侧实轴上。

在可能 1 中，一个闭环极点位于 $0 \sim -\dfrac{K_i}{K_p}$，另一个极点位于 $-a$ 左侧。两个极点都落在实轴上，输出的闭环阶跃响应不会出现振荡现象。在可能 2 中，闭环极点可能是两个实数或一对共轭复数。在大多数情况下，优先选择可能 1 设计方法。

由于发动机增益 K_e 已知，根轨迹增益只与比例系数有关，这意味着闭环极点位置是直接由比例系数决定的。因此，设计 PI 控制律的问题可以转化为选择两个设计参数的问题，即控制增益的比值 $\dfrac{K_i}{K_p}$ 和比例系数 K_p。

对于可能 1，选择零点位于 -0.1 处；对于可能 2，选择零点位于 -1 处，即相对于可能 1，$\dfrac{K_i}{K_p}$ 放大了 10 倍。两种零点位置条件下的根轨迹如图 3.6 所示。

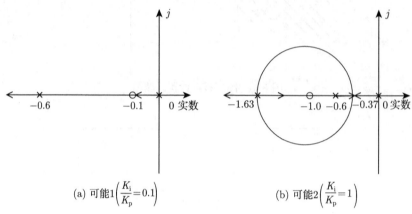

(a) 可能1 $\left(\dfrac{K_i}{K_p}=0.1\right)$ (b) 可能2 $\left(\dfrac{K_i}{K_p}=1\right)$

图 3.6　两种零点位置条件下的根轨迹

由图 3.6 可知，根轨迹有两个分离点，分别为 -0.37 和 -1.63，对应的 K_p 则分别为 $0.00186(\text{kg·min})/(\text{r·h})$ 和 $0.0366(\text{kg·min})/(\text{r·h})$。

假设比例系数 $K_p = 0.0182(\text{kg·min})/(\text{r·h})$，则两种可能下的输出阶跃响应如图 3.7(a) 所示。若比例系数放大 10 倍，即 $K_p = 0.182(\text{kg·min})/(\text{r·h})$，则两种可能的输出阶跃响应如图 3.7(b) 所示。

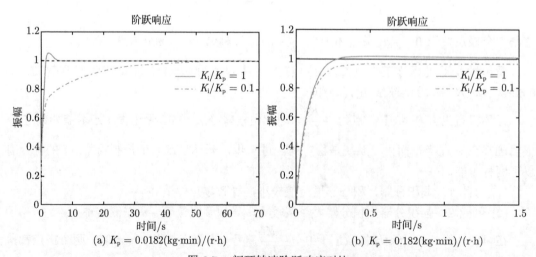

(a) $K_p = 0.0182(\text{kg·min})/(\text{r·h})$ (b) $K_p = 0.182(\text{kg·min})/(\text{r·h})$

图 3.7　闭环转速阶跃响应对比

图 3.7 表明, 当选择一个小的增益比 $\dfrac{K_i}{K_p}$ 时 (对应弱积分器), 输出响应是过阻尼的; 当选择一个大的增益比 $\dfrac{K_i}{K_p}$ 时 (对应强积分器), 即使比例系数相对较小 ($K_p = -0.0182$(kg · min)/(r · h)), 输出响应也仍然是欠阻尼的。欠阻尼响应是由两个复数闭环极点引起的。为了避免欠阻尼响应的发生, 可以降低或增加比例系数 (对应 $K_p \leqslant 0.00186$(kg · min)/(r · h) 或 $K_p \leqslant 0.0366$(kg · min)/(r · h)), 从而使两个闭环极点仍保持在实轴上。K_p 太小会延长调节时间, 因此选择比例系数增大 10 倍 ($K_p = 0.182$(kg · min)/(r · h)), 此时可能 2 中的闭环极点就变为两个实数。大、小比例系数对应的闭环极点对比如表 3.1 所示。

表 3.1　大、小比例系数对应的闭环极点对比

比例系数	弱积分器 $\left(\dfrac{K_i}{K_p} = 0.1\right)$	强积分器 $\left(\dfrac{K_i}{K_p} = 1\right)$
小 ($K_p = 0.0182$(kg·min)/(r·h))	-1.8486 和 -0.0714	-0.96 ± 0.6312j
大 ($K_p = 0.182$(kg·min)/(r·h))	-13.7037 和 -0.0963	-12.766 和 -1.034

由表 3.1 分析可知, 强积分器会使得输出响应变快。因此, 为了避免出现不希望的振荡现象, 需要增大比例系数。然而, 大的比例系数会使闭环系统对高频干扰和高频激励变得更为灵敏。传感器噪声恰好就是一个高频干扰源, 由于传感器噪声在测量和数据采集中不可避免, 并会反映到反馈误差 $n_r - n$ 中, 频繁地被高增益放大器所放大, 这就意味着发动机燃油量 W_f 作为被控制量或控制器输出量将出现较大的摆动。执行机构饱和等非线性特性的存在, 会使输出变量表现出类似于极限环的非线性特征, 因此大的燃油量摆动也是不期望出现的现象。

欠阻尼响应并不一定就是负面问题, 相对于过阻尼响应, 欠阻尼响应通常会获得较快的上升时间和较短的调节时间。但是带有过量摆动的欠阻尼响应, 设计时应该尽可能避免在稳态点附近出现欠阻尼响应的摆动。

在控制律设计中, 通常采用这种方法来处理多种目标相互冲突的问题, 不同的工作条件和任务会导致不同的控制律。例如, 在起飞功率状态下, 要求转速摆动的误差要比慢车或节流状态下要求转速摆动的误差小得多; 要求发动机能尽快稳定, 以保证在起飞和爬升的初始阶段发动机推力能够快速稳定, 其结果就是要求在起飞功率状态下, 设计稳定控制器时力求转速超调量在 5% 以内。

3.3.5　频率响应法

频率响应法是通过设计一个控制器, 使控制系统的开环传递函数满足期望的频率特性。设计开环幅频特性的形状, 可以获得期望的频率特性。通常, 可行的设计原则如下:

(1) 在低频段, 开环传递函数应起类似积分器的作用, 即开环幅频特性斜率为 -20dB/dec 或更低。为了减少稳态误差, 抑制低频干扰, 在低频段应选择高幅值 (高增益)。

(2) 为了抑制噪声, 在高频段开环幅频特性曲线应迅速下降为负分贝数。

(3) 在中频段, 即截止频率附近, 开环幅频特性斜率应大于 -20dB/dec, 并具有一定的宽度 (鲁棒性要求), 满足相位裕度大于 $45°$ 以及鲁棒性要求。

上述原则对应的开环频率特性曲线如图 3.8 所示。

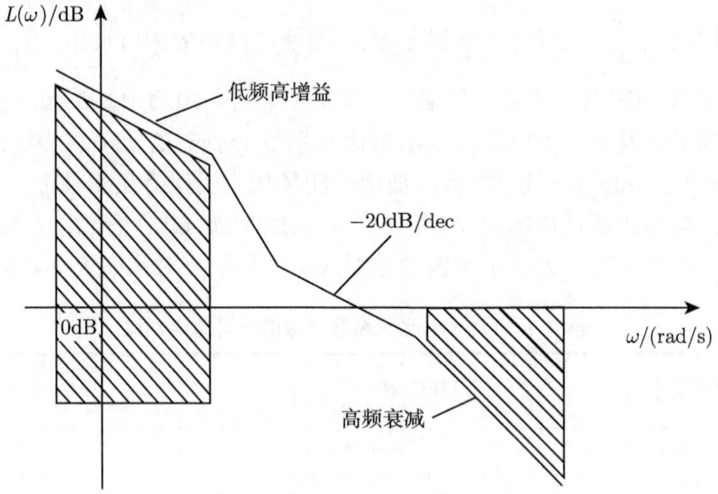

图 3.8   期望的开环频率特性曲线

频域方法需要按照试凑步骤来设计 PI 参数，设计人员通过调整 $C(s)$ 的零点和增益，力图使目标开环传递函数达到希望的伯德 (Bode) 图。目标特性可以从以下形式的开环目标传递函数得到

$$L(s) = G(s)C(s) = \frac{\omega_n^2}{s(s + 2\zeta\omega_n)} \tag{3.33}$$

选取 ω_n、ζ 使闭环传递函数

$$T(s) = \frac{L(s)}{1 + L(s)} = \frac{\omega_n^2}{s^2 + 2\zeta\omega_n s + \omega_n^2} \tag{3.34}$$

的瞬态响应与设计指标相匹配。

式 (3.35)~ 式 (3.38) 可以将类似式 (3.34) 的二阶系统时域指标 (超调量 $\sigma\%$ 和调节时间 t_s) 与频域指标 (相位裕度 γ 和截止频率 ω_c) 联系起来。

$$\sigma\% = \mathrm{e}^{-\frac{\pi\zeta}{\sqrt{1-\zeta^2}}} \times 100\% \tag{3.35}$$

$$t_s = \frac{4.5}{\zeta\omega_n} \tag{3.36}$$

$$\gamma = 100\zeta \tag{3.37}$$

$$\omega_c = \frac{-1.196\zeta + 1.85}{1.6}\omega_n \tag{3.38}$$

对于高阶系统或具有开环零点的系统，上述公式会有一定的偏差，因此在完成设计后需要对其进行验证，若不满足指标要求，则需要反复迭代。$C(s)$ 为 PI 控制器的传递函数，设系统开环传递函数为

$$G(s)C(s) = G(s)K_p\left(1 + \frac{1}{T_i s}\right) \tag{3.39}$$

式中，K_p 为比例系数；T_i 为积分时间常数。

设计过程如下：根据补偿对象特性，选择 PI 控制器的零点。通常将零点 $-\dfrac{1}{T_i}$ 置于 $\dfrac{K_p G(s)}{s}$ 伯德图渐近线斜率为 -40dB/dec 段，并保证叠加后该频率段 (斜率为 -20dB/dec) 具有一定的宽度。调节 $G(s)C(s)$ 增益，使截止频率和相位裕度满足目标指标要求，从而设计 K_p 和 T_i 的大小，并对设计的系统进行验证。

例 3.1　已知控制对象的开环传递函数为

$$G(s) = \frac{2.5s + 30}{s^2 + 10s + 16}$$

设相位裕度 $\gamma = 70°$，截止频率 $\omega_c = 3.62\text{rad/s}$，试确定 PI 控制器的参数。

首先绘制 $\dfrac{G(s)}{s}$ 的伯德图，然后将零点 $-\dfrac{1}{T_i}$ 置于 -40dB/dec 频段 (此时对应的频率范围为 $2 \sim 8\text{rad/s}$)。只要确定 $-\dfrac{1}{T_i}$，系统的相频特性曲线即可确定。调整零点 $-\dfrac{1}{T_i}$ 位置，使得频率 $\omega = 3.62\text{rad/s}$ 对应的相位大于 $110°$，取得零点为 3.25，则 $T_i = 1/3.25 = 0.3077$。

确定零点位置后，进一步调整比例系数 K_p，使 $G(s)C(s)$ 的截止频率为 3.62rad/s。初始条件下 $\dfrac{K_p G(s)}{s}$ 的伯德图如图 3.9 所示。由伯德图可得，当 $K_p = 1$ 时，$\omega = 3.62\text{rad/s}$，对应的幅值为 1.175。若 $\omega = 3.62\text{rad/s}$ 为截止频率，则幅值应该为 1，得到最终的比例系数 $K_p = 1/1.175 = 0.8511$。

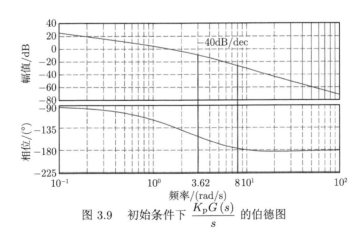

图 3.9　初始条件下 $\dfrac{K_p G(s)}{s}$ 的伯德图

所设计的 PI 控制器 $C(s) = 0.8513(s + 3.25)/s$，绘制 $G(s)C(s)$ 的伯德图，如图 3.10 所示。此时，系统的性能指标为相位裕度 $\gamma = 71°$，截止频率 $\omega_c = 3.62\text{rad/s}$，满足设计要求。

3.3.6　参数整定法

参数整定法有很多，其中最简单易行的方法是简易工程整定法。这种方法的最大优点是在整定参数时，不依赖于被控对象的数学模型。简易工程整定法是由经典的频率法简化而来的，虽然稍显粗糙，但胜于简单易行，适用于现场应用。

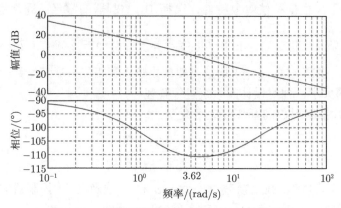

图 3.10　调整后开环系统 $G(s)C(s)$ 的伯德图

下面介绍工程整定法中常用的扩充临界比例度法、归一参数整定法等 PID 参数整定方法。

1) 扩充临界比例度法

扩充临界比例度法是对模拟调节器中使用的临界比例度法的扩展，整定参数的步骤如下。

(1) 选择足够短的采样周期，即要求采样周期为被控对象纯滞后时间的 1/10 以下。

(2) 在选定的采样周期内系统处于工作状态，将数字控制器去掉积分作用和微分作用，只保留比例作用，逐渐减小比例度 $\delta(\delta = 1/K_{\mathrm{p}})$，直至系统发生持续的等幅振荡。记录使系统发生振荡的临界比例度 δ_{cr} 及系统的临界振荡周期 $T_{\mathrm{k,cr}}$。

(3) 选择控制度。控制度就是以模拟调节器为基准，将数字电子控制器 (DEC) 的控制效果与模拟调节器的控制效果进行比较。控制效果的评价函数通常用误差平方积分 $\int_0^{\infty} e^2(t)\mathrm{d}t$ 表示，定义如下：

$$控制度 = \frac{\left[\displaystyle\int_0^{\infty} e^2(t)\,\mathrm{d}t\right]_{\mathrm{DEC}}}{\left[\displaystyle\int_0^{\infty} e^2(t)\,\mathrm{d}t\right]_{模拟}} \tag{3.40}$$

实际应用中并不需要计算出两个误差平方积分，控制度仅表示控制效果的物理概念。例如，当控制度为 1.05 时，表明数字电子控制器与模拟调节器效果相当；当控制度为 2.0 时，表明数字电子控制器比模拟调节器效果差。

根据选定的控制度，查阅表 3.2，即可得到 T、K_{p}、T_{i}、T_{d} 的值。

2) 归一参数整定法

Roberts 在 1974 年提出了一种简化扩充临界比例度整定法，该方法总共只需要整定一个参数，因此称为归一参数整定法。

已知增量型 PID 控制的公式为

$$\Delta u\left(k\right) = K_{\mathrm{p}} \left\{ e\left(k\right) - e\left(k-1\right) + \frac{T}{T_{\mathrm{i}}} e\left(k\right) + \frac{T_{\mathrm{d}}}{T} \left[e\left(k\right) - 2e\left(k-1\right) + e\left(k-2\right) \right] \right\} \quad (3.41)$$

令

$$T = 0.1T_{\mathrm{k}}, \quad T_{\mathrm{i}} = 0.5T, \quad T_{\mathrm{d}} = 0.125T_{\mathrm{k}}$$

式中，T_{k} 为在纯比例作用下的临界振荡周期，则有

$$\Delta u\left(k\right) = K_{\mathrm{p}} \left[2.45e\left(k\right) - 3.5e\left(k-1\right) + 1.25e\left(k-2\right) \right] \quad (3.42)$$

因此，整个问题可以简化为只需要整定一个参数 K_{p}。只改变 K_{p}，不断观察控制效果，直至满足要求。

表 3.2　按扩充临界比例度法整定参数

控制度	控制律	参数			
		T	K_{p}	T_{i}	T_{d}
1.05	PI	$0.03T_{\mathrm{k,cr}}$	$0.53\delta_{\mathrm{k,cr}}$	$0.88T_{\mathrm{k,cr}}$	—
	PID	$0.014T_{\mathrm{k,cr}}$	$0.63\delta_{\mathrm{k,cr}}$	$0.49T_{\mathrm{k,cr}}$	$0.14T_{\mathrm{k,cr}}$
1.2	PI	$0.05T_{\mathrm{k,cr}}$	$0.49\delta_{\mathrm{k,cr}}$	$0.91T_{\mathrm{k,cr}}$	—
	PID	$0.043T_{\mathrm{k,cr}}$	$0.47\delta_{\mathrm{k,cr}}$	$0.47T_{\mathrm{k,cr}}$	$0.16T_{\mathrm{k,cr}}$
1.5	PI	$0.14T_{\mathrm{k,cr}}$	$0.42\delta_{\mathrm{k,cr}}$	$0.99T_{\mathrm{k,cr}}$	—
	PID	$0.09T_{\mathrm{k,cr}}$	$0.34\delta_{\mathrm{k,cr}}$	$0.43T_{\mathrm{k,cr}}$	$0.20T_{\mathrm{k,cr}}$
2.0	PI	$0.22T_{\mathrm{k,cr}}$	$0.36\delta_{\mathrm{k,cr}}$	$1.05T_{\mathrm{k,cr}}$	
	PID	$0.16T_{\mathrm{k,cr}}$	$0.27\delta_{\mathrm{k,cr}}$	$0.40T_{\mathrm{k,cr}}$	$0.22T_{\mathrm{k,cr}}$

3) 优选法

优选法是根据具体的调节规律和不同调节对象的特征，经闭环试验，反复凑试，找出最佳调节参数的一种方法。其具体做法是，根据经验先确定其他参数，然后用 0.618 法对其中某一参数进行优选，待选出最佳参数后，再换另一个参数进行优选，直至将所有的参数优选完毕。最后根据 T、K_{p}、T_{i}、T_{d} 等参数优选的结果取一组最优值即可。

4) 凑试法

按照经验，增大比例系数 K_{p} 一般会加快系统的响应，在有静差的情况下有利于减小静差。但过大的比例系数会导致系统有较大的超调，并产生振荡，稳定性下降。增大积分时间常数 T_{i}，积分作用会减弱，有利于减小超调和振荡，使系统更加稳定，但系统静差的消除将随之减慢。增大微分时间常数 T_{d} 有利于加快系统的响应，减小超调，增加稳定性，但对应的系统对扰动的抑制能力会减弱，对扰动会有较大的响应。

在凑试时，可参考以上参数对控制过程的影响趋势，对参数实行"先比例、后积分、再微分"的整定方法。

(1) 只整定比例部分，即将比例系数由小增大，并观察系统的响应，直至响应曲线反映出反应快、超调小的特点。若系统静差已小到允许的范围之内，并且响应曲线已满足要求，则只需要使用比例调节器即可。

(2) 若只使用比例调节器系统的静差未能满足设计要求，则需要进一步加入积分环节。整定时，首先设置积分时间常数 T_{i} 为一较大的值，并将经第 (1) 步整定得到的比例系数略

微缩小 (如缩小为原来的 80%), 然后逐渐减小积分时间常数, 在保持系统良好动态性能的情况下, 使静差得以消除。在此过程中, 可根据响应曲线的优劣, 反复改变比例系数与积分时间, 以得到满意的控制过程与整定参数。

(3) 若使用比例积分调节器消除了静差以后, 动态过程经反复调整仍不能满足设计要求, 则可以加入微分环节, 构成比例积分微分调节器。在整定时, 可先设置微分时间常数 T_d 为 0。在第 (2) 步整定的基础上, 增大微分时间常数 T_d, 同时相应地改变比例系数和积分时间常数, 逐步凑试, 最终获得满意的调节效果和控制参数。

3.4 参数调度方法

发动机是一个高度复杂的非线性系统, 这种非线性特性不仅反映在稳态特性中 (如稳态工作线不是线性的), 还反映在动态特性中 (如在接近起飞功率时, 时域响应速度比慢车状态快 3~5 倍)。因此, 为某一工作点设计的控制器增益仅在这一工作点相对较小的范围内是有效的。

为了克服这一问题, 常采用小扰动法 (或分段线性化) 将发动机共同工作线分为若干个有限的标称点 (或稳态点), 在每一个标称点上设计控制器。以上设计方法都是针对某一稳态点设计控制律, 而该控制律仅适用于这一稳态工作点附近的较小范围。对于非标称点, 控制器参数可以根据相邻两个标称点的控制器参数进行插值或拟合, 从而实现稳态控制器的增益调度。然而该方法需要根据发动机稳态点进行控制器切换, 切换过程中会引起发动机输出变量的不连续变化, 甚至引起不稳定的问题。

增益调度是通过引入匹配控制增益变化机制来处理对象变化问题的, 期望在较大的工作范围内获得一致的动态响应性能。本节介绍一种基于线性变参数系统的变增益控制方法——参数调度方法。线性变参数系统可以看成一类特殊的时变系统, 系统的动态特性取决于系统实时可测的参数 (称为调度参数)。对于航空发动机系统, 可以选择飞行高度、马赫数、发动机转速以及截面温度等作为调度参数。针对线性变参数系统设计的变增益控制器依赖于调度变量, 从而可以保证系统在考虑的工作范围内的稳定性和平滑性。

以某双轴涡扇发动机为例, 选择发动机的高压换算转速 n_{HC} 作为参数 θ, 建立地面标准状态下从慢车状态到 (转速) 最大状态的主燃油-高压转速的传递函数形式的线性变参数模型为

$$G(s, \theta) = \frac{K(\theta) [T_1(\theta)s + 1]}{[T_2(\theta)s + 1] [T_3(\theta)s + 1]} \tag{3.43}$$

其中,

$$\theta = \frac{2n_H - (n_{H,max} + n_{H,min})}{n_{H,max} + n_{H,min}}$$

$$K(\theta) = -0.06\theta^3 + 0.04\theta^2 + 0.007\theta + 0.089$$

$$T_1(\theta) = -0.011\theta + 0.0128$$

$$T_2(\theta) = -0.11\theta^2 - 0.033\theta + 0.198$$

$$T_3(\theta) = 0.22\theta^2 - 0.14\theta + 0.224$$

针对以上线性变参数模型，利用李雅普诺夫 (Lyapunov) 稳定性理论以及线性矩阵不等式 (LMI) 理论，进行鲁棒控制器设计，通过 MATLAB 的工具箱求解 PI 控制器为

$$C(s, \theta) = \frac{a(\theta) s + b(\theta)}{c(\theta) s} \tag{3.44}$$

其中，

$$a(\theta) = -0.06634\theta^3 - 0.0023\theta^2 + 0.19484\theta + 0.69114$$

$$b(\theta) = -0.13208\theta^3 - 0.00812\theta^2 + 0.75743\theta + 2.08441$$

$$c(\theta) = -0.01239\theta^3 - 0.00784\theta^2 + 0.0044427\theta + 0.05854$$

3.5　航空发动机 PID 控制器的 MATLAB 实现

本节详细介绍航空发动机 PID 控制器的设计过程。对于 PID 控制器的参数确定，MATLAB 提供工具箱，用于快速设计一个线性系统控制器，操作如下。

首先打开 MATLAB，单击 Simulink 按钮 (图 3.11)。

图 3.11　MATLAB 软件主页面

单击 Blank Model 新建一个空白模型 (图 3.12)。

单击 Library Browser 出现 Simulink Library Browser 界面 (图 3.13)。

在 Simulink Library Browser 界面单击 Sources，找到 Step 模块，单击 Continuous 按钮找到 PID Controller、Transfer Fcn 模块，然后单击 Math Operations 找到 Sum 模块，最后单击 Sinks 找到 Scope 模块 (图 3.14)。

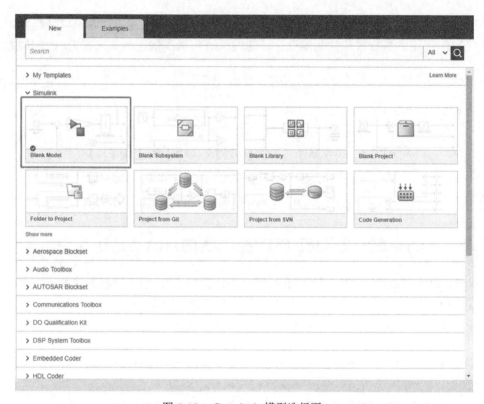

图 3.12　Simulink 模型选择页

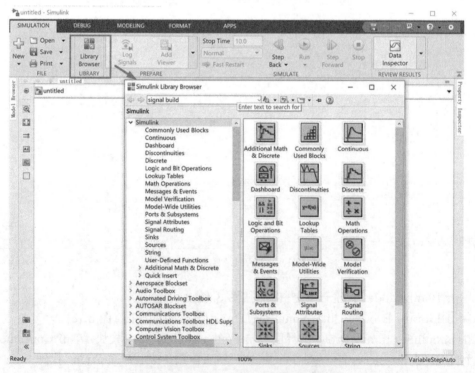

图 3.13　Simulink Library Browser 界面

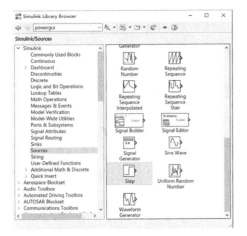

(a) Sources 模块组及 Step 模块

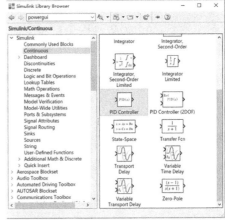

(b) Continuous 模块组及 PID Controller 模块

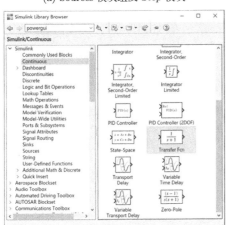

(c) Continuous模块组及Transfer Fcn模块

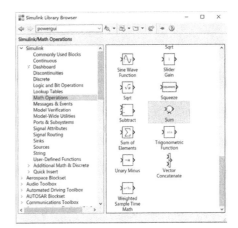

(d) Math Operations 模块组及 Sum 模块

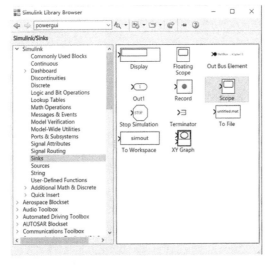

(e) Sinks 模块组及 Scope 模块

图 3.14　模块库窗口选取界面

拖动上述库中环节到图 3.15 所示的 Simulink 工程中，搭建图 3.15 所示的发动机转速 PID 控制系统 Simulink 仿真模型。

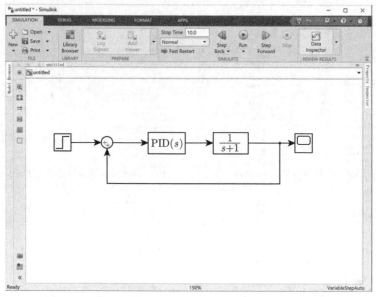

图 3.15　发动机转速 PID 控制系统 Simulink 仿真模型

向传递函数模块中输入在某状态下发动机的线性化模型的传递函数。

双击打开 PID Controller 模块，先将控制器改为 PI 控制器，然后单击 Tune 按钮打开 MATLAB 自带的调参工具 PID Tuner 进行调参 (图 3.16)。

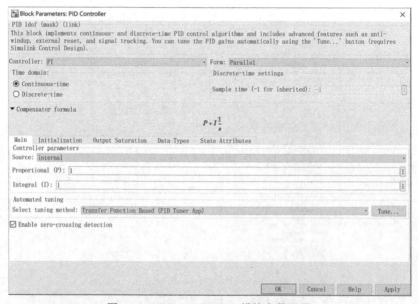

图 3.16　PID Controller 模块参数设置

PID Tuner 调参工具界面如图 3.17 所示。

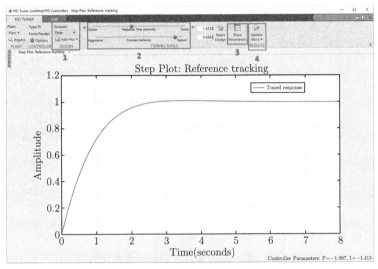

图 3.17　PID Tuner 调参工具界面

在图 3.17 的 1 框中可以选择时域指标和频域指标,在 2 框中可以修改指标要求,移动上部滑块可以调整系统响应速度,移动下部滑块可以调整系统的鲁棒性,单击 3 框按钮可以显示当前控制器的性能参数 (图 3.18),单击 4 框按钮可以更新当前自动整定的参数至 PID Controller 模块。调整 2 框内的指标要求,可以使性能参数满足时域性能指标要求,单击 4 框按钮即可完成 PID 参数整定。

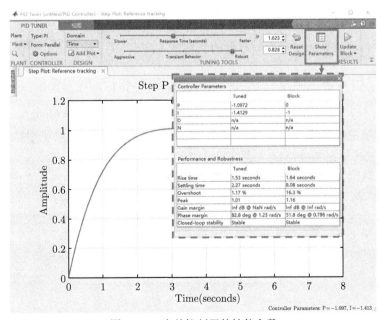

图 3.18　当前控制器的性能参数

在 Simulink 中运行该模型，可以得到发动机转速闭环控制系统仿真结果，如图 3.19 所示。

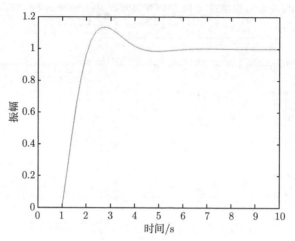

图 3.19   发动机转速闭环控制系统仿真结果

3.6 小   结

本章主要介绍了航空发动机线性控制系统的基本结构，以及一种部件级模型的线性化方法。然后介绍了 PID 控制器的原理、PID 控制器参数的整定方法，以及不同状态点的参数调度方法。最后介绍了 MATLAB 中的一种调参工具 PID Tuner，并应用其对发动机线性模型的 PI 控制器进行了调参。

习   题

3-1   某发动机在某稳态下，简化模型的传递函数为 $G_{\mathrm{n}}(s) = \dfrac{0.0483}{0.29s + 1}$，执行机构简化模型的传递函数为 $G_{\mathrm{h}}(s) = \dfrac{1}{0.1s + 1}$。现有时域性能指标：稳态误差为 0，超调量小于 5%，调节时间小于 1s。请为该简化模型设计满足性能指标的 PI 控制器。

3-2   设某航空发动机在工作点时，发动机时间常数为 2s，发动机增益 $K_{\mathrm{e}} = 26(\mathrm{kg} \cdot \mathrm{min})/(\mathrm{r} \cdot \mathrm{h})$，试利用根轨迹法设计该发动机的 PI 控制律。

3-3   设某航空发动机的开环传递函数为 $G(s) = 0.0483/(0.29s + 1)$，使用零极点相消法设计 PI 控制律。

3-4   使用 MATLAB 工具箱对习题 3-2 的发动机模型重新设计 PI 控制律。

第 **4** 章 航空发动机转速控制系统实现与实践

发动机的转速能够表征发动机的热负荷、机械负荷，间接反映推力的大小，并且易测量，因此转速几乎是所有航空发动机中的被控量，转速控制回路是发动机控制系统中最为基础和关键的控制回路。本章以转速控制系统作为发动机控制的代表，从连续系统离散化方法入手，介绍转速控制系统离散化方法、PI 控制器设计、基于发动机转速模拟系统的转速数控系统的实现。

4.1 连续系统离散化方法

发动机转速控制系统本质上是一个连续系统，为了设计控制器并完成数控系统实践，需要对系统进行离散化。连续系统离散化方法通常有欧拉法、梯形法、龙格-库塔 (Runge-Kutta，RK) 法、z 变换等，欧拉法、梯形法、龙格-库塔法属于数值积分法，z 变换属于离散相似法。本节主要介绍欧拉法、龙格-库塔法和 z 变换。

(1) 欧拉法：对连续信号 $f(t)$ 进行采样，采样周期为 T_s，采样时刻为 $0, T_s, \cdots, kT_s, \cdots$，在不引起歧义的情况下，简写为 $0, 1, \cdots, k, \cdots$。这个采样过程如图 4.1 所示。

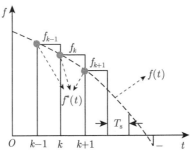

图 4.1 连续信号 $f(t)$ 采样过程

假设一个一阶微分方程：

$$\begin{cases} \dot{x}(t) = f(t) \\ x(t_0) = x_0 \end{cases} \tag{4.1}$$

式中，x 是一个一阶可导连续信号；t_0 为初始时刻；x_0 为 $x(t)$ 的初值。它的解析解为

$$\begin{aligned} x(k+1) &= x(0) + \int_0^{(k+1)T_s} f(t)\mathrm{d}t \\ &= x(k) + \int_{kT_s}^{(k+1)T_s} f(t)\mathrm{d}t \end{aligned} \tag{4.2}$$

式中，积分 $\int_{kT_s}^{(k+1)T_s} f(t)\mathrm{d}t$ 为 $kT_s \sim (k+1)T_s$ 函数 $f(t)$ 下的面积。在积分不易求得的情况下，采用矩形面积 $T_s f_k$ 近似代替积分，从而有

$$x_{k+1} = x_k + T_s f_k \tag{4.3}$$

式 (4.3) 即为欧拉法的表达式。

发动机转速系统一阶微分方程可写为

$$\dot{n}_\mathrm{e}(t) = -\frac{a_n}{a_{n-1}} n_\mathrm{e}(t) + \frac{b_m}{a_{n-1}} W_\mathrm{f}(t) \tag{4.4}$$

设采样周期为 T_s，采用欧拉法离散后可得

$$n_{\mathrm{e},k+1} = \left(1 - \frac{a_n}{a_{n-1}} T_s\right) n_{\mathrm{e},k} + \frac{b_m}{a_{n-1}} T_s W_{\mathrm{f},k} \tag{4.5}$$

(2) 龙格-库塔法：是一种间接利用泰勒展开式的离散化方法，由德国数学家龙格和库塔先后提出。该方法的基本思想是利用有限个点上的 $f(t,x)$ 函数值来确定有限项泰勒展开式中的系数，这样既可以避免计算高阶导数，也可以提高数字积分的精度。若泰勒展开式中导数的最高阶次为四阶，则称为四阶 RK 方法。经典四阶 RK 方法的表达式如下：

$$x_{n+1} = x_n + \frac{T_s}{6}(k_1 + 2k_2 + 2k_3 + k_4) \tag{4.6}$$

其中，

$$\begin{cases} k_1 = f(x_n, t_n) \\ k_2 = f(x_n + k_1 T_s/2, t_n + T_s/2) \\ k_3 = f(x_n + k_2 T_s/2, t_n + T_s/2) \\ k_4 = f(x_n + k_3 T_s, t_n + T_s) \end{cases} \tag{4.7}$$

四阶 RK 方法精度高，计算量较小，因此在微分方程的数值求解中常采用。除了经典四阶 RK 方法，还有向量 RK 法、实时 RK 法等，感兴趣的读者可参阅相关参考书，在此不再详述。

(3) z 变换法：对连续信号 $x(t)$ 进行采样，采样周期为 T_s，采样过程如图 4.2 所示。

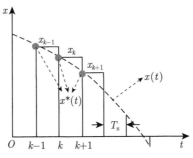

图 4.2　连续信号 $x(t)$ 采样过程

通过采样，将连续信号 $x(t)$ 变换成离散的采样信号 $x^*(t)$，经过保持器后的信号为 $x_k(k=0,1,\cdots)$。令 $t=kT_s$，则连续信号 $x(t)$ 和采样信号 $x^*(t)$ 之间的关系为

$$x^*(t) = \sum_{k=0}^{\infty} x(kT_s)\delta(t-kT_s) \tag{4.8}$$

式中，$\delta(t-kT_s)$ 为理想单位脉冲。

$$\delta(t) = \begin{cases} 1, & t=0 \\ 0, & t>0 \end{cases} \tag{4.9}$$

对式 (4.8) 中的采样信号 $x^*(t)$ 进行拉普拉斯变换有

$$X^*(s) = \sum_{k=0}^{\infty} x(kT_s)\mathrm{e}^{-kT_s s} \tag{4.10}$$

令 $z=\mathrm{e}^{T_s s}$，并代入式 (4.10)，有

$$X(z) = X^*(s)\big|_{s=\frac{1}{T_s}\ln z} = \sum_{k=0}^{\infty} x(kT_s)z^{-k} \tag{4.11}$$

称式 (4.11) 为 $x(t)$ 的 z 变换。

采用 z 变换离散化式 (1.6) 所示的发动机转速系统一阶传递函数，其时域函数为 $b_m/[a_{n-1}\mathrm{e}^{(-a_n/a_{n-1})t}]$，由式 (4.11) 可得它的 z 变换为

$$G(z) = \frac{b_m}{a_{n-1}} \frac{z}{z - \mathrm{e}^{-\frac{a_n}{a_{n-1}}T_s}} \tag{4.12}$$

4.2　基于 z 变换的航空发动机转速控制系统离散化

设计控制器并完成数控系统实践时，需要对发动机转速控制系统进行离散化。图 3.2 描述了连续系统形式的发动机转速控制系统。若图中控制器采用数字电子控制器，则信号

在数字电子控制器中为数字量，在发动机、传感器和执行机构中为模拟量，此时系统中既存在数字信号，又存在模拟信号，称为采样控制系统，如图 4.3 所示。模拟量与数字量之间可以转化，如将模拟量离散化为数字量用于数字电子控制器运行，在软件上采用离散化方法实现，在硬件上由具有采样保持功能的数模转换卡等设备支持。图 4.3 中，通过采样开关和模数转换 (analog/digital, A/D) 模块实现采样，通过数模转换 (digital/analog, D/A) 模块和保持器实现数字量到模拟量的转换。

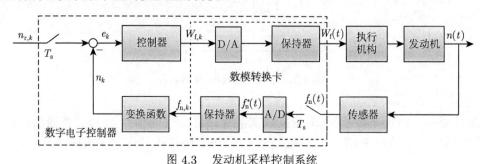

图 4.3　发动机采样控制系统

保持器规定了两个采样点之间信号的变换规律，其通常分为零阶保持器和一阶保持器两种。零阶保持器的数学模型为

$$x(kT_s + \Delta t) = x(kT_s), \quad 0 \leqslant \Delta t < T_s \tag{4.13}$$

表示在两个采样点间 $x(t)$ 的值保持为 $x(kT_s)$ 的值。式 (4.13) 的时域模型为

$$g_h(t) = 1(t) - 1(t - T) \tag{4.14}$$

表示 t 在 $[0, T)$ 区间 $g_h(t)$ 等于 1。对式 (4.14) 进行拉普拉斯变换，可得到零阶保持器的传递函数为

$$G_h(s) = \frac{1}{s} - \frac{e^{-T_s s}}{s} = \frac{1 - e^{-T_s s}}{s} \tag{4.15}$$

设图 4.3 中的发动机传递函数为 $G_e(s)$，执行机构传递函数为 $G_a(s)$，控制器传递函数为 $G_c(s)$，可采用图 4.4(a) 所示方法 (方法一)，分别对每一个环节进行离散化，即在每一个环节前加入采样开关和保持器，也可采用图 4.4(b) 所示方法 (方法二)，对 $G_c(s)G_a(s)G_e(s)$ 进行离散化。下面以 $G_e(s)$ 为例讨论方法一，设 $G_e(s)$ 为

$$G_e(s) = \frac{N_e(s)}{W_f(s)} = \frac{k_e}{T_e s + 1} \tag{4.16}$$

式中，T_e 为发动机时间常数；k_e 为增益系数。对发动机转速系统进行 z 变换为

$$\begin{aligned} Z\left[G_h(s)G_e(s)\right] &= Z\left[\frac{1 - e^{-T_s s}}{s} \frac{k_e}{T_e s + 1}\right] \\ &= k_e(1 - z^{-1})Z\left[\frac{1}{s} - \frac{1}{T_e s + 1}\right] \\ &= \frac{k_e\left(1 - e^{-T_s/T_e}\right)z^{-1}}{1 - e^{-T_s/T_e}z^{-1}} \end{aligned} \tag{4.17}$$

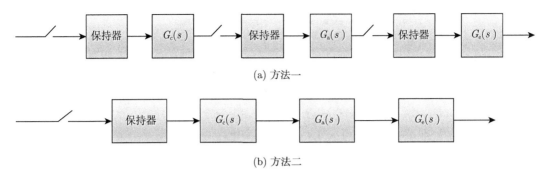

(a) 方法一

(b) 方法二

图 4.4　发动机控制系统离散化方法

在应用实践中，基于 z 变换的离散化过程可以使用 MATLAB 中的相关函数，具体如下。

1) tf 函数

tf 函数用于建立实部或复数传递函数模型，表达形式为

$$\text{SYS} = \text{tf}(\text{NUM}, \text{DEN}) \tag{4.18}$$

式中，SYS 为存储传递函数数据的目标；NUM 为传递函数分子系数向量；DEN 为传递函数分母系数向量。

2) c2d 函数

c2d 函数用于建立实部或复数传递函数模型，表达形式为

$$\text{SYSD} = \text{c2d}(\text{SYSC}, \text{TS}, \text{METHOD}) \tag{4.19}$$

式中，SYSD 为离散系统传递函数；SYSC 为连续系统传递函数；TS 为采样周期；METHOD 为离散化方法，可以选择零阶保持器、一阶保持器等。

设发动机转速系统传递函数为

$$G(s) = \frac{N_{\mathrm{e}}(s)}{W_{\mathrm{f}}(s)} = \frac{3}{2s+1} \tag{4.20}$$

在 MATLAB 中输入图 4.5 中的命令，可得到式 (4.21) 所示的离散系统脉冲传递函数：

$$G(z) = \frac{N_{\mathrm{e}}(z)}{W_{\mathrm{f}}(z)} = \frac{0.02985}{z - 0.99} = \frac{0.02985z^{-1}}{1 - 0.99z^{-1}} \tag{4.21}$$

化简即

$$N_{\mathrm{e}}(z) = 0.99z^{-1}N_{\mathrm{e}}(z) + 0.02985z^{-1}W_{\mathrm{f}}(z) \tag{4.22}$$

经过反 z 变换可得差分方程：

$$n_{\mathrm{e},k} = 0.99z^{-1}n_{\mathrm{e},k-1} + 0.02985z^{-1}W_{\mathrm{f},k-1} \tag{4.23}$$

图 4.5　基于 MATLAB 函数离散化传递函数

4.3　航空发动机转速控制系统的 Simulink 实现与实践

4.3.1　被控对象

考虑图 3.2 中的发动机转速控制系统，其中发动机转速系统传递函数如式 (4.16) 所示，燃油调节器的传递函数为

$$G_a(s) = \frac{W_f(s)}{W_{fd}(s)} = \frac{1}{T_a s + 1} \tag{4.24}$$

式中，T_a 为执行机构的时间常数。图 3.2 中其他环节的传递函数简化为 1，则发动机转速控制系统结构简化为图 4.6。

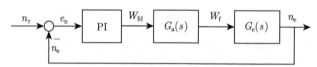

图 4.6　发动机转速控制系统结构框图

由此，待校正的发动机转速系统的开环传递函数为

$$G_c(s) = G_e(s) G_a(s) = \frac{K_e}{(T_e s + 1)(T_a s + 1)} \tag{4.25}$$

4.3.2　串联 PI 控制器校正设计

待校正的发动机转速系统是一个 0 型二阶系统，为满足稳态误差为 0 的性能要求，本节采用串联 PI 控制器校正设计。PI 控制器的传递函数为

$$G_c(s) = \frac{W_{fd}(s)}{e_n(s)} = K_p \left(1 + \frac{1}{T_i s}\right) \tag{4.26}$$

式中，K_p 为比例系数；T_i 为积分时间常数。闭环系统的开环传递函数为

$$G(s) = \frac{K_p K_e (T_i + 1)}{T_i s (T_a s + 1)(T_e s + 1)} \tag{4.27}$$

该系统为 I 型系统，对阶跃输入、系统响应的稳态误差为 0，可以满足控制精度的要求。式 (4.27) 为开环稳定的最小相位系统，可以采用零极点相消法简化系统，即

$$T_{\mathrm{i}} = T_{\mathrm{e}} \qquad (4.28)$$

开环传递函数简化为

$$G\left(s\right) = \frac{K_{\mathrm{p}} K_{\mathrm{e}}}{T_{\mathrm{i}} s \left(T_{\mathrm{e}} s + 1\right)} \qquad (4.29)$$

式 (4.29) 为典型的二阶系统，利用二阶系统的分析方法进行分析。该系统的单位负反馈闭环传递函数为

$$\Phi\left(s\right) = \frac{\omega_{\mathrm{n}}^2}{s^2 + 2\zeta\omega_{\mathrm{n}} + \omega_{\mathrm{n}}^2} \qquad (4.30)$$

其中，

$$\omega_{\mathrm{n}} = \sqrt{\frac{K_{\mathrm{p}} K_{\mathrm{e}}}{T_{\mathrm{i}} T_{\mathrm{a}}}}$$
$$\zeta = \frac{1}{2\sqrt{K_{\mathrm{p}} K_{\mathrm{e}} T_{\mathrm{a}} / T_{\mathrm{i}}}} \qquad (4.31)$$

从而得到

$$K_{\mathrm{p}} = \frac{T_{\mathrm{i}}}{4\zeta^2 K_{\mathrm{e}} T_{\mathrm{a}}} \qquad (4.32)$$

给定 σ，由 $\sigma = \mathrm{e}^{-\pi\zeta/\sqrt{1-\zeta^2}}$ 计算 ζ，由式 (4.32) 计算得到控制器的比例系数 K_{p}，因此由式 (4.28) 和式 (4.32) 完成 PI 控制器设计。

4.3.3 设计实例

某发动机转速系统的传递函数为

$$G_{\mathrm{e}}(s) = \frac{0.0483}{0.29s + 1} \qquad (4.33)$$

燃油调节器传递函数为

$$G_{\mathrm{a}}(s) = \frac{1}{0.1s + 1} \qquad (4.34)$$

由此可知，$T_{\mathrm{e}} = 0.29$，$K_{\mathrm{e}} = 0.0483$，$T_{\mathrm{a}} = 0.1$。

设该转速控制系统时域性能指标要求为稳态误差为 0，超调量小于 5%，调节时间小于 1s；频域性能指标要求为幅值裕度大于 10dB，相位裕度大于 45°，频带宽度大于 1.2rad/s。

由式 (4.16) 和式 (4.28) 可得 $T_{\mathrm{i}} = 0.29$。根据超调量的要求，取 $\zeta = 0.707$，系统为二阶最佳系统，由式 (4.32) 求得 $K_{\mathrm{p}} = 30$，$T_{\mathrm{i}} = 0.29$，系统的自然频率 ω_{n} 为 7.07rad/s，系统的超调量小于 5%，调节时间 $t_{\mathrm{s}} = 0.7\mathrm{s}$，满足性能指标。

4.3.4　Simulink 仿真实例

本实验使用 MATLAB/Simulink 软件完成仿真试验，并利用时域和频域性能指标对校正设计结果进行验证。

(1) 打开 MATLAB(图 3.11)，单击上方工具栏中的 Simulink 按钮。

(2) 生成一个未命名的空白 Simulink 模型 (图 3.12)。单击工具栏中的 Library Browser，弹出图 3.13 所示的模块库窗口界面 (Simulink Library Browser)。该界面窗口的右侧给出 Simulink 所有的子模块库 (图 3.13)。

(3) 选取模块或模块组。本仿真实验中需要的传递函数模块 Transfer Fcn 位于 Continuous 模块组下 (图 4.7)，参考输入模块 Step 位于 Sources 模块组下 (图 4.8)，观测输出参数变化的 Scope 模块位于 Sinks 模块组下 (图 4.9)，加 (减) 法器模块 Sum 位于 Math Operations 模块组下 (图 4.10)。

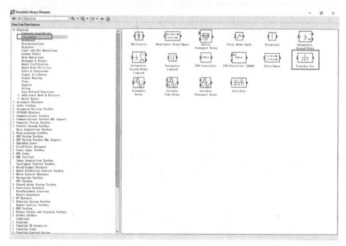

图 4.7　Continuous 模块组及 Transfer Fcn 模块

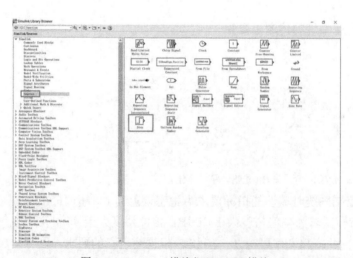

图 4.8　Sources 模块组及 Step 模块

图 4.9　Sinks 模块组及 Scope 模块

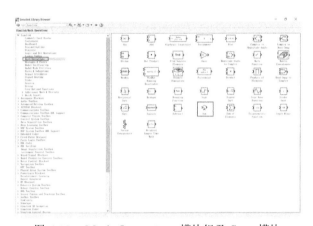

图 4.10　Math Operations 模块组及 Sum 模块

(4) 在各模块组中选择相应的模块后，将其拖动至目标模型窗口指定位置，即可完成模块拷贝 (图 4.11)。删除模块时，选定需要删除的模块，按下 Delete 键即可。

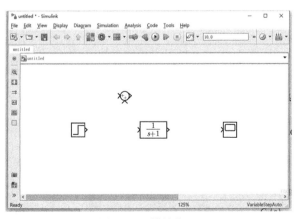

图 4.11　模块拷贝

(5) 模块参数设置。双击指定模块图标，打开模块对话框，根据对话框中提供的信息进行参数设置或修改。例如，双击模型窗口中的传递函数模块，弹出图 4.12 所示的对话框，在对话框中分别输入分子、分母多项式的系数，单击 OK 按钮，即可完成该模块的设置，模块参数设置结果如图 4.13 所示。分别对发动机简化模型、执行机构简化模型、PI 控制器的传递函数进行相应设置，得到各模块的传递函数如图 4.14 所示。

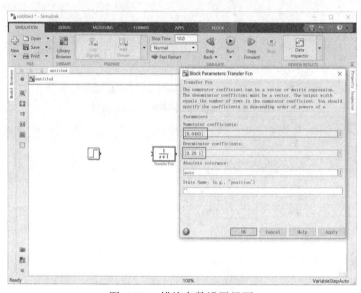

图 4.12　模块参数设置界面

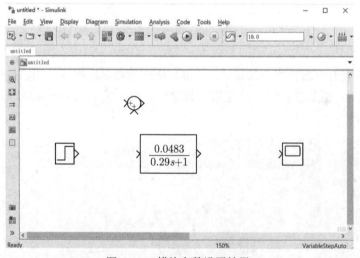

图 4.13　模块参数设置结果

(6) 模块的连接。模块之间的连接可以用连接线将一个模块的输出端与另一个模块的输入端连接起来，也可以用分支线将一个模块的输出端与几个模块的输入端连接起来。将鼠标置于某模块的输出端口 (显示为一个十字光标)，将其拖动至另一模块的输入端口即可生成连接线。分支线则是将鼠标置于分支点，拖动至另一个模块的输出端口。最后，PI 控制器的发动机转速控制系统 Simulink 仿真模型如图 4.15 所示。

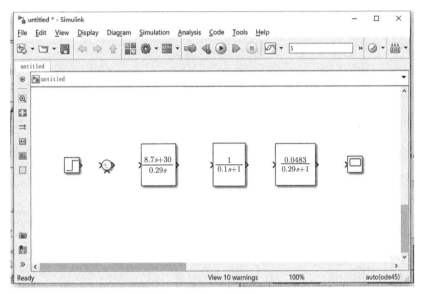

图 4.14   所有模块参数设置结果

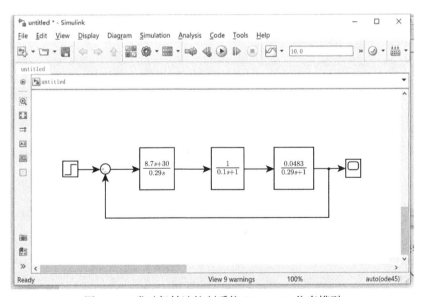

图 4.15   发动机转速控制系统 Simulink 仿真模型

(7) 设置仿真参数。在模型窗口单击菜单栏中的 Simulation 按钮，然后单击 Model Configuration Parameters，弹出 Simulation Configuration Parameters 对话框，设置仿真参数，然后单击 OK 按钮即可，或直接单击 Model Configuration Parameters 也可打开模型仿真设置 (图 4.16 和图 4.17)。本实验设置仿真时间为 5s(图 4.18)。

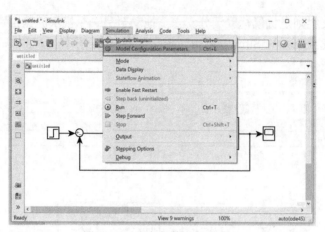

图 4.16　仿真参数设置界面 1

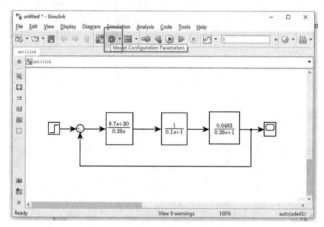

图 4.17　仿真参数设置界面 2

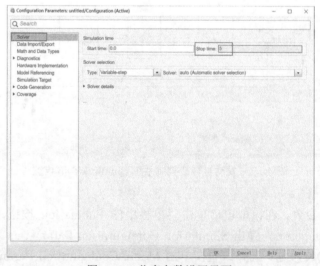

图 4.18　仿真参数设置界面

(8) Simulink 仿真结果分析。单击模型窗口的 "启动"(或 "停止") 按钮⊙(或⊙)
(图 4.19)，可得到发动机转速闭环控制系统单位阶跃响应的仿真结果如图 4.20 所示。

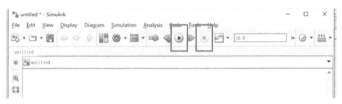

图 4.19　启动/停止仿真按钮

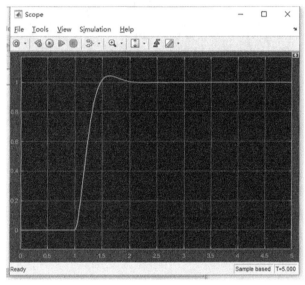

图 4.20　发动机转速闭环控制系统单位阶跃响应的仿真结果

(9) 利用 Cursor Measurement 工具 (图 4.21) 测出相关响应特性，如超调量、调节时
间、稳态值以及稳态误差等。

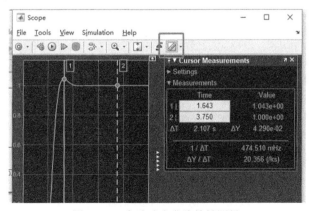

图 4.21　实验响应曲线特性测量

(10) 利用 File 中的 Copy to Clipboard(图 4.22) 将响应曲线拷贝至 Word 中，结果如图 4.23 所示。

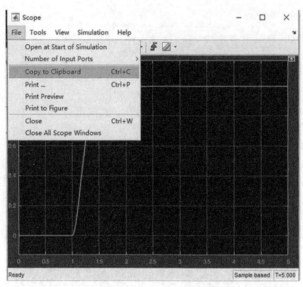

图 4.22   实验响应曲线导出

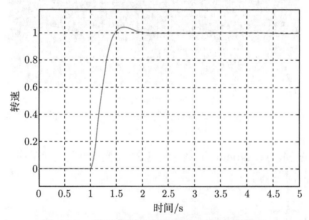

图 4.23   发动机转速闭环控制系统仿真结果

(11) 频域性能指标验证。在 MATLAB 的 commond window 中输入或者在 M 文件中编写以下代码。

```
num0=[0.0483]; % 发动机模型传递函数分子的系数
den0=[0.29 1]; % 发动机模型传递函数分母的系数
G0=tf(num0,den0) % 发动机模型传递函数

num1=[1]; % 执行机构模型传递函数分子的系数
den1=[0.1 1]; % 执行机构模型传递函数分母的系数
```

```
G1=tf(num1,den1) % 执行机构模型传递函数

num2=[8.7 30]; %PI 控制器分子的系数
den2=[0.29 0]; %PI 控制器分母的系数
G2=tf(num2,den2) %PI 控制器

G01=series(G0,G1);
G_ot=series(G01,G2); % 系统开环传递函数
G_ct=feedback(G_ot,1); % 系统单位反馈闭环传递函数
margin(G_ot); % 绘制 Bode 图
wb = bandwidth(G_ct); % 闭环传递函数带宽计算
```

(12) 运行上述代码，结果如图 4.24 所示。其中，带宽 $\omega_b = 7.0578\mathrm{rad}/\mathrm{s}$，幅值裕度无限大，相位裕度为 65.5°，满足频域性能指标。

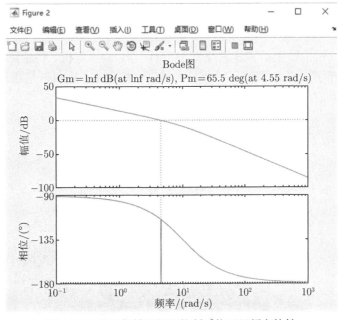

图 4.24　发动机转速闭环控制系统开环频率特性

4.4　航空发动机转速控制模拟实验系统实例

4.4.1　航空发动机转速控制模拟实验系统

本次实践中航空发动机转速控制模拟实验系统由电动伺服系统、智能数据采集模块、智能驱动模块和数字计算机等组成，如图 4.25 所示。电动伺服系统用于模拟发动机转子系统。智能数据采集模块用于采集电动伺服系统的转速，即模拟的发动机转速。智能驱动模块用于为伺服电机提供驱动信号，使得电动伺服系统转速达到控制转速。智能数据采集模块和智能驱动模块放置于实验箱中。数字计算机起到数字电子控制器的作用。

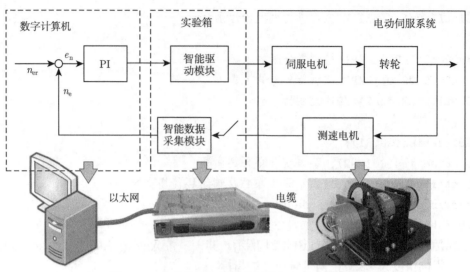

图 4.25   航空发动机转速控制模拟实验系统组成

1) 电动伺服系统

电动伺服系统模拟发动机转速系统，它由编码器、测速电机、转轮和伺服电机组成，如图 4.26 所示。转轮模拟发动机转子系统，由伺服电机驱动，电机转速由测速电机测量，因此转轮是被控对象，伺服电机是执行机构，测速电机是测量元件。

图 4.26   电动伺服系统

2) 智能数据采集模块

智能数据采集模块 (图 4.27) 用于采集电动伺服系统中测速电机的信号，它通过电缆与测速电机相连，采集测速电机输出的电信号，并将其转换为数字量转速信号，通过以太网将该数字量转速信号传输给数字计算机，用于控制器计算。因此，对智能数据采集模块而言，它的输入是测速电机信号，输出是数字量转速信号。

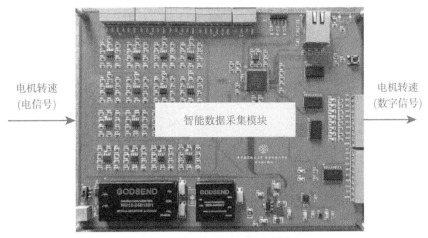

图 4.27   智能数据采集模块

3) 智能驱动模块

智能驱动模块 (图 4.28) 用于产生电动伺服系统中伺服电机的驱动电压和电流, 它通过以太网接收数字计算机中 PID 控制器计算得到的数字量电压信号, 利用 DA 模块将该数字量电压信号转换为模拟量电压信号, 利用驱动放大电路将 DA 模块输出的电压放大至电机所需的驱动电压量级, 并通过电缆传输给伺服电机, 驱动电机转动, 进而带动转轮转动。因此, 智能驱动模块的输入是控制器输出的数字量电压信号, 输出是模拟电压信号。

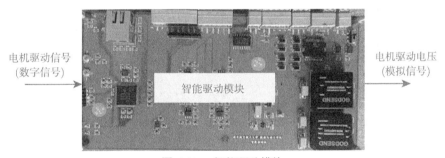

图 4.28   智能驱动模块

4.4.2 基于 Visual Studio 的航空发动机转速控制数字仿真实例

本节面向发动机控制模拟实验系统, 基于 Visual Studio 设计转速控制全数字仿真系统, 验证控制器的品质, 在满足控制要求后, 在 4.4.3 节设计基于 Visual Studio 的航空发动机转速控制系统, 并进行实验。基于 Visual Studio 的转速控制全数字仿真系统设计过程如下。

(1) 打开 Visual Studio 软件, 新建一个工程, 如图 4.29 所示, 单击 "MFC 应用程序", 并选择合适的文件夹输入解决方案名称, 这里解决方案名称为 SpeedControl。

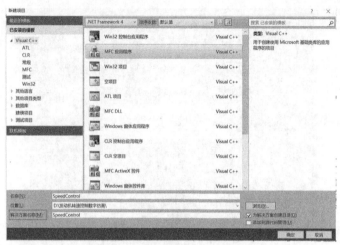

图 4.29   建立 SpeedControl 工程

(2) 单击"确定"按钮后会出现"MFC 应用程序向导"对话框，如图 4.30 所示，选择"基于对话框"，并去掉"使用 Unicode 库"的选择。

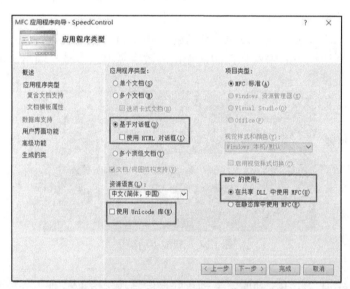

图 4.30   选择 MFC 的应用程序类型

(3) 设置对话框分页，用于显示转速控制全数字仿真系统和发动机转速控制系统。首先删除"TODO：Place dialog controls here""确定""取消"按钮，接着在工具箱中选取标签页控件 Tab Control，如图 4.31 所示，将其放置在对话框中，并将控件放大至整个对话框，如图 4.32 所示。打开对话框的属性界面，如图 4.33 所示，将对话框中的 Caption 改为"发动机转速实验系统"。将鼠标移动至 Tab Control 处，右击选择添加变量，增加变量名，如图 4.34 所示，在变量名一栏输入"m_tab"，单击"完成"按钮。接着为两个实验系统插入对话框，右击资源视图的 Dialog，如图 4.35 所示，选择"插入 Dialog(E)"，将插入的对话框 ID 改为 "IDD_DIALOG_DigitalSpeedControl"，同样地，再插入一个对话框，将 ID 改为 "IDD_DIALOG_ExperimentalSpeedControl"，插入对话框后的 Dialog 界面如图 4.36 所示。分别修改两个对话框的属性，如图 4.37 所示，将 Border 设置为 None，将 Style 设置为 Child。

图 4.31　在对话框中添加 Tab Control 控件

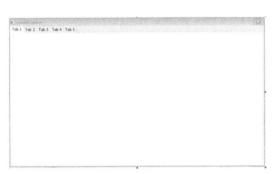

图 4.32　放大 Tab Control 控件至整个对话框

图 4.33　改变主对话框的 Caption

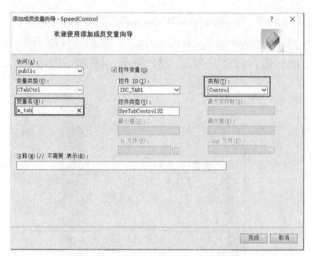

图 4.34   Tab Control 添加变量

图 4.35   在 Dialog 中插入新的对话框

图 4.36   插入对话框后的 Dialog 界面

图 4.37　修改插入对话框后的 ID

(4) 将两个新建的对话框初始化，并关联类。如图 4.38(a) 所示，右击对话框选择 “添

(a) 添加对话框的类

(b) 对话框关联CDigitalSpeedControlDlg类

图 4.38　两个对话框关联类

加类"；然后将两个对话框关联类，类名分别为 CDigitalSpeedControlDlg 和 CExperimen-talSpeedControlDlg，图 4.38(b) 即为关联 CDigitalSpeedControlDlg 的例子。如图 4.39 所示，在 "SpeedControlDlg.h" 文件中加入两个添加的对话框类的头文件，并定义两个添加的对话框类。随后，将两个对话框关联至标签页中，如图 4.40 所示。

```
#pragma once
#include "afxcmn.h"
#include"DigitalSpeedControlDlg.h"
#include"ExperimentalSpeedControlDlg.h"
```

(a) 包含两个新建类的头文件

```
public:
    CTabCtrl m_tab;
    //声明两个定义的变量类
    CDigitalSpeedControlDlg m_digitalspeedcontrolDlg;
    CExperimentalSpeedControlDlg m_experimentalspeedcontrolDlg;
```

(b) 声明定义的类变量

图 4.39　声明变量类的代码截图

```
// 设置此对话框的图标。当应用程序主窗口不是对话框时，框架将自动
//   执行此操作
SetIcon(m_hIcon, TRUE);          // 设置大图标
SetIcon(m_hIcon, FALSE);         // 设置小图标

// TODO: 在此添加额外的初始化代码
//将标签页与对话框联系起来
m_tab.InsertItem(0, _T("发动机转速控制数字仿真系统"));
m_tab.InsertItem(1, _T("发动机控制模拟实验系统"));//定义两个对话框的名称
//将两个新建的对话框放入至标签页中
m_digitalspeedcontrolDlg.Create(IDD_DIALOG_DigitalSpeedControl,&m_tab);
m_experimentalspeedcontrolDlg.Create(IDD_DIALOG_ExperimentalSpeedControl,&m_tab);
//默认标签页中先显示哪一个信息，这里默认选择发动机转速控制数字仿真系统
CRect tabRect;
m_tab.GetClientRect(&tabRect);//获取tab control的大小(宽高信息)
tabRect.left+=1;
tabRect.right-=1;
tabRect.top+=30;
tabRect.bottom-=1;
m_digitalspeedcontrolDlg.SetWindowPos(NULL,tabRect.left,tabRect.top,tabRect.Width(),tabRect.Height(),SWP_SHOWWINDOW);
m_experimentalspeedcontrolDlg.SetWindowPos(NULL,tabRect.left,tabRect.top,tabRect.Width(),tabRect.Height(),SWP_HIDEWINDOW);

return TRUE;  // 除非将焦点设置到控件，否则返回 TRUE
```

图 4.40　初始化对话框函数的代码截图

此时标签页只显示设置的第一个对话框，如图 4.41 所示，需要在 Tab Control 的消息处理函数中添加相应的代码，使得标签页能够显示设置的两个对话框。

```
//标签页的消息处理函数,用于显示两个标签页
void CSpeedControlDlg::OnTcnSelchangeTab1(NMHDR *pNMHDR, LRESULT *pResult)
{
    // TODO: 在此添加控件通知处理程序代码
    *pResult = 0;

    CRect tabRect;
    m_tab.GetClientRect(&tabRect);//获取Tab Control的大小(宽高信息)
    tabRect.left+=1;
    tabRect.right-=1;
    tabRect.top+=30;
    tabRect.bottom-=1;
    switch (m_tab.GetCurSel())
    {
    case 0:
        m_digitalspeedcontrolDlg.SetWindowPos(NULL,tabRect.left,tabRect.top,tabRect.Width(),tabRect.Heig
        m_experimentalspeedcontrolDlg.SetWindowPos(NULL,tabRect.left,tabRect.top,tabRect.Width(),tabRect.
        break;
    case 1:
        m_digitalspeedcontrolDlg.SetWindowPos(NULL,tabRect.left,tabRect.top,tabRect.Width(),tabRect.Heig
        m_experimentalspeedcontrolDlg.SetWindowPos(NULL,tabRect.left,tabRect.top,tabRect.Width(),tabRect.
        break;
    default:
        break;
```

图 4.41　Tab Control 的消息处理函数代码截图

(5) 编辑数字仿真对话框 (IDD_DIALOG_DigitalSpeedControl) 资源，并加入与网络通信相关的控件。首先删除 "TODO：Place dialog controls here"，接着单击页面上的工具箱，如图 4.42(a) 所示，分别将 Button、Edit Control、Static Text、Picture Control

(a) 添加工具箱中的控件

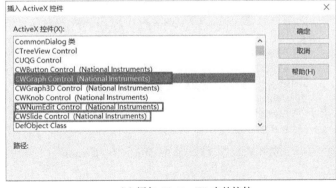

(b) 添加 "ActiveX" 中的控件

图 4.42　在对话框中添加控件

以及 Horizontal Scroll Bar 移动至对话框中。最后，右击对话框，出现如图 4.42(b) 所示的菜单，选择 "插入 ActiveX 控件 (X)···"，然后选择 "CWNumEdit Control (National Instruments)"，将其插入对话框中。同样，右击对话框，选择 "插入 ActiveX 控件 (X)···"，然后选择 "CWGragh Control (National Instruments)"，将其插入对话框中，最终得到图 4.43 所示的对话框。

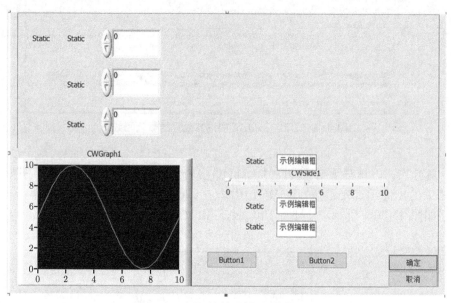

图 4.43   插入控件后的对话框界面

(6) 为界面添加说明文字。单击左上角的 Static 控件，右击对话框选择属性，出现如图 4.44 所示的属性界面，将 Caption 修改为 "请输入指令转速"，按照同样的方法，修改对话框中所有 Static Caption，修改后的对话框界面如图 4.45 所示。

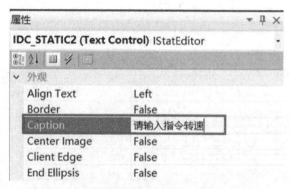

图 4.44   修改对话框中 Static 的 Caption

(7) 修改 "CWSlide Control(National Instruments)" 的属性 (图 4.42(b))。打开 "CWSlide Control(National Instruments)" 的属性窗口，首先，将 "CWSlide Control (National In-

struments)" 的 ID 修改为 "IDC_CWSLIDE_nr"，删除 Caption 文字，将 IncDecValue 对应的数值修改为 1，修改后的属性如图 4.46 所示。接着，单击属性窗口的 "属性页"，如图 4.47(a) 所示，在窗口中单击 Style，选择 "3D Horizontal Pointer Slide" 样式；如图 4.47(b) 所示，在窗口中单击 Numeric，设置滑动条的范围为 0~1000；如图 4.47(c) 所示，在窗口中单击 Ticks，设置滑动条的间隔。

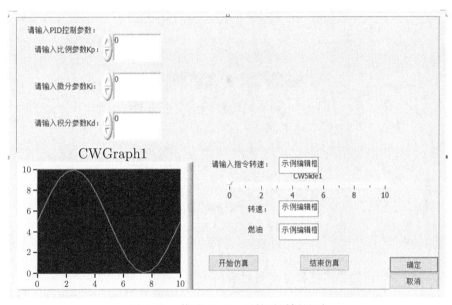

图 4.45　修改 Static 后的对话框界面

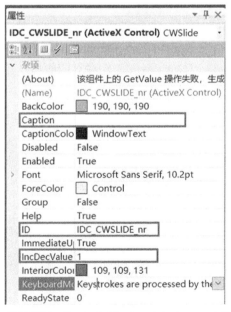

图 4.46　"CWSlide Control (National Instruments)" 的属性

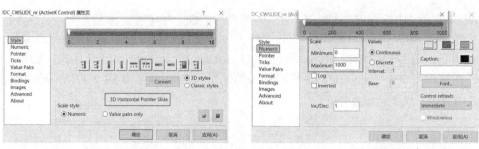

　　　　　(a) 样式的选择　　　　　　　　　　　　　　　　　(b) 范围的确定

　　　　　　　　　　　　　　　　(c) 间隔的确定

图 4.47　"CWSlide Control (National Instruments)" 的属性页数据修改

　　(8) 连接指令转速的编辑框和滑动条对应的数据。首先，为 CWSlide Control (National Instruments) 控件添加变量，如图 4.48 所示。接着，如图 4.49 所示，命名与 "请输入指令转速" 同一行的 Edit Control(编辑框) 的属性 ID，并添加事件处理函数。具体操作为：右击编辑框，选择 "添加事件处理程序 (A)⋯"，出现如图 4.50 所示的界面，按照图示的步骤操作，在 "DigitalSpeedControlDlg.cpp" 中出现相应的处理函数，将该编辑框中输入的指令转速数据传输到 CWSlide Control 控件中，如图 4.51 所示。最后，与图 4.50 的操作相似，为 "CWSlide Control (National Instruments)" 添加事件处理函数，如图 4.52 所示，将 CWSlide Control (National Instruments) 控件对应的指令转速数据传输到编辑框中。

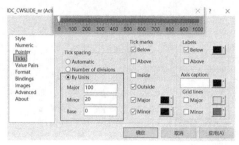

```
    // 对话框数据
        enum { IDD = IDD_SPEEDCONTROL_DIALOG };

protected:
        virtual void DoDataExchange(CDataExchange* pDX);      // DDX/DDV 支持
        HICON m_hIcon;
        DECLARE_MESSAGE_MAP()
        //DigitalSpeedControl对应的变量声明
public:
        CNiSlide m_nr;
```

(a) 定义变量类

```
void CDigitalSpeedControlDlg::DoDataExchange(CDataExchange* pDX)
{
        CDialogEx::DoDataExchange(pDX);
        DDX_Control(pDX, IDC_CWSLIDE_nr, m_nr);
```

(b) 将变量与控件结合起来

图 4.48　CWSlide Control (National Instruments) 添加变量

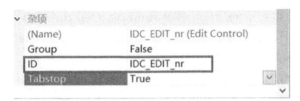

图 4.49 修改 Edit Control(示意编辑框) 的 ID

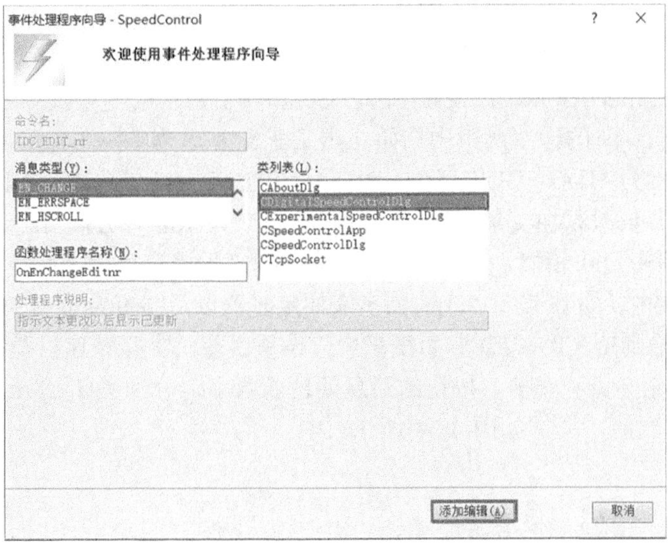

图 4.50 为 "IDC_EDIT_nr" 添加事件处理函数

```
void CDigitalSpeedControlDlg::OnEnChangeEditnr()
{
    // TODO:  如果该控件是 RICHEDIT 控件, 它将不
    // 发送此通知, 除非重写 CDialogEx::OnInitDialog()
    // 函数并调用 CRichEditCtrl().SetEventMask(),
    // 同时将 ENM_CHANGE 标志 "或" 运算到掩码中。
    // TODO:  在此添加控件通知处理程序代码
    //当在编辑框中输入指令转速时, 滑动条会移动至相应位置
    int num = GetDlgItemInt(IDC_EDIT_nr); //将文本框中的指令转速数据读出
    m_nr.SetValue(num);
}
```

图 4.51 "IDC_EDIT_nr" 对应的事件处理函数

```
BEGIN_EVENTSINK_MAP(CDigitalSpeedControlDlg, CDialogEx)
    ON_EVENT(CDigitalSpeedControlDlg, IDC_CWSLIDE_nr, 1, CDigitalSpeedControlDlg::PointerValueChangedCwslidenr, VTS_I4 VTS_PVARIANT)
END_EVENTSINK_MAP()

void CDigitalSpeedControlDlg::PointerValueChangedCwslidenr(long Pointer, VARIANT* Value)
{
    // TODO: 在此处添加消息处理程序代码
    double nr1=m_nr.GetValue();
    SetDlgItemInt(IDC_EDIT_nr,nr1);
}
```

图 4.52 CWSlide Control (National Instruments) 对应事件处理函数的代码

(9) 编辑 PID 参数对应的三个 "CWNumEdit Control (National Instruments)" 控件以及转速和燃油量对应的 Edit Control(编辑框) 控件。与图 4.46 相似，分别打开三个 "CWNumEdit Control (National Instruments)" 的属性页面，将 ID 改为 "IDC_CWNUMEDIT_Kp""IDC_CWNUMEDIT_ Ti""IDC_CWNUMEDIT_ Td"，并将 IncDecValue 设置为 0.05。打开转速和燃油量 Edit Control(编辑框) 控件的属性页面，将 ID 分别改为 "IDC_EDIT_n""IDC_EDIT_Wf"。随后，与图 4.48 类似，将三个 "CWNumEdit Control (National Instruments)" 依次添加变量，变量名分别为 "m_Kp""m_Ti""m_Td"。将转速和燃油量对应的 Edit Control 添加变量为 "m_n、m_Wf"。

(10) 为 "开始仿真" 和 "结束仿真" 两个 Button(按键) 添加处理函数。首先，如图 4.53 所示，在 "DigitalSpeedControlDlg.h" 中定义仿真需要使用的变量及函数，并在 "DigitalSpeedControlDlg.cpp" 的构造函数中初始化定义变量为 0，如图 4.54 所示。接着，设置两个 Button 的 ID 分别为 "IDC_BUTTON_PIDstart""IDC_BUTTON_PIDstop"。与图 4.48 类似，两个 Button 依次添加变量，变量名分别为 "m_Button_PIDstart""m_Button_PIDstop"。随后，与图 4.50 相似，分别为两个 Button 添加消息处理函数。在 "开始仿真" 按钮的消息处理函数中，分别设置 25ms 的多媒体定时器以及 100ms 的定时器，并将 PID 对应的三个参数传输到定义的 PID 参数变量中，设置误差、实际转速以及燃油量为 0，具体如图 4.55 所示。在 "结束仿真" 按钮的消息处理函数中，分别关闭 25ms 的多媒体定时器以及 100ms 的定时器，具体如图 4.56 所示。

```
void InitMMTimer();//初始化多媒体定时器
bool m_bStartTimer;//是否已启用多媒体定时器（退出时应关闭）
int m_nMMTimerID;//多媒体定时器识别号
double m_dTimeLast;//定义采样时间
void PIDSpeedcontrol();//PID转速控制函数
void KillMMTimer();//关闭多媒体定时器
void RunAll();//多媒体定时器调用的函数
static void PASCAL MMTimerproc(UINT wTimerID, UINT msg, DWORD dwUser, DWORD dw1, DWORD dw2);//多媒体定时器回调函数
double Ki, Kd, Kp;//PID参数对应的数值，用于PIDSpeedControl()函数中计算
double e, e_pre_1, e_pre_2;//e(t)、e(t-1)、e(t-2)时对应的误差
double pro, integ, der;//分别为比例、积分以及微分项
double com;//增量型PID控制对应的增量
double m_n;//实际转速
double m_Wf;//燃油量
```

图 4.53　仿真需要使用的变量以及函数

```
CDigitalSpeedControlDlg::CDigitalSpeedControlDlg(CWnd* pParent /*=NULL*/)
    : CDialogEx(CDigitalSpeedControlDlg::IDD, pParent)
{
    m_Wf=0;
    m_n=0;
    e=0;
    e_pre_1=0;
    e_pre_2=0;
}
```

图 4.54　初始化变量值

```
void CDigitalSpeedControlDlg::OnBnClickedButtonPidstart()
{
    // TODO: 在此添加控件通知处理程序代码
    m_Button_PIDstop.EnableWindow(true);
    m_Button_PIDstart.EnableWindow(false);//单击"开始仿真"按钮后开始仿真,按钮变灰无法使用
    m_Wf=0;
    m_n=0;
    e=0;
    e_pre_1=0;
    e_pre_2=0;
    Ki = m_Ki.Value;
    Kd= m_Kd.Value ;
    Kp=m_Kp.Value;
    m_dTimeLast = 0;
    m_NiGraph.ClearData();
    dTmin=0;dTmax=20;
    m_NiGraph.GetAxes().Item(1).SetMinMax(dTmin,dTmax);
    InitMMTimer(); //初始化定时器
    SetTimer(1, 100, 0);//设置100 ms定时器
}
```

图 4.55　"开始仿真"按钮对应的消息处理函数

```
void CDigitalSpeedControlDlg::OnBnClickedButtonPidstop()
{

    // TODO: 在此添加控件通知处理程序代码
    m_Button_PIDstart.EnableWindow(true);
    m_Button_PIDstop.EnableWindow(false);//单击"结束仿真"按钮时,开始按钮是亮的,结束按钮是暗的
    KillMMTimer();//结束定时器
    KillTimer(1);

}
```

图 4.56　"结束仿真"按钮对应的消息处理函数

(11) 在前面的步骤中, 使用了 NI 控件以及多媒体定时器, 此时需要定义 NI 相关控件的库文件和类声明文件的位置。首先, 打开解决方案中头文件的 "stdafx.h", 在 MFC 自动化中加入对应的声明文件以及函数库: ①#include"NiIncludes.h"(NI 相关控件库的类声明文件); ②#pragma comment(lib, "winmm.lib")(多媒体定时器相关的函数库); ③ #include "mmsystem.h"(多媒体定时器相关的声明文件)。

右击解决方案资源管理器中的 SpeedControl 位置 (图 4.57),选择菜单框中的属性,出现属性对话框,如图 4.58 所示。分别设置目录和库目录为 "C:\Program Files (x86)\National Instruments\MeasurementStudio VS2010\VCNET\Include" 和 "C:\Program Files (x86)\National Instruments\ MeasurementStudioVS2010\VCNET\Lib",设置库目录界面和设置后的界面如图 4.59 和图 4.60 所示。

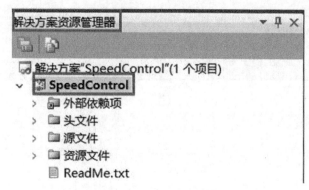

图 4.57   SpeedControl 位置显示

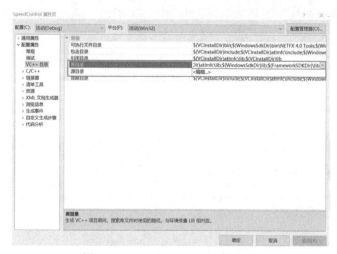

图 4.58   SpeedControl 属性界面

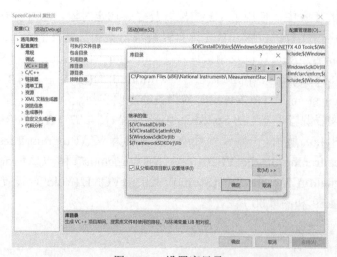

图 4.59   设置库目录

图 4.60　设置后的界面

(12) 编辑步骤 (10) 中定义的函数。在 InitMMTimer() 中初始化多媒体定时器，设置一个 25ms 的多媒体定时器，随后在多媒体定时器回调函数 MMTimerproc() 中执行 RunAll() 函数，在 RunAll() 中定义一个 int 型变量 nSendcout，每次以数字 1 递加，每 5ms 执行一次 PIDSpeedControl() 函数。其中，PIDSpeedControl() 函数部分代码如图 4.61 所示。

```
//发动机PID转速闭环控制
void CDigitalSpeedControlDlg::PIDSpeedcontrol1()
{

        e = GetDlgItemInt(IDC_EDIT_nr) - m_n;
        pro = Kp* (e - e_pre_1);
        integ = Ki * e ;
        der = Kd * (e - 2 * e_pre_1 + e_pre_2) ;
        com = pro + integ + der;
        m_Wf = m_Wf + com;
        m_n = 0.04877 * m_Wf + 0.9512 * m_n;
        if (m_n >= 1000)  m_n = 950;
        if (m_n <= 0)   m_n = 0;
        e = e_pre_1;
        e_pre_1 = e_pre_2;
}
```

图 4.61　PIDSpeedControl() 函数部分代码

(13) 设置转速-时间曲线图像。首先，打开 "CWGragh Control(National Instruments)" 的属性窗口，如图 4.62 所示，将 Caption 修改为 "转速时间曲线"。单击属性窗口的 "属性页"，如图 4.63(a) 所示，在窗口中单击 Plots 设置两条曲线，分别代表指令转速和实时转速；如图 4.63(b) 所示，在窗口中单击 Axes，去掉 Auto scale，分别将横坐标设置为 0~20，纵坐标设置为 0~1000；如图 4.63(c) 所示，在窗口中单击 Ticks，分别设置横纵坐标的间隔；如图 4.63(d) 所示，在窗口中单击 Format，分别将横纵坐标数值的单位设为 s 和 r/min。其次，选择菜单项目，选择类向导，图 4.64 为 "WM_TIMER" 消息响应函数，此时系统会自动跳出相应的响应函数 (OnTimer 函数)，在 OnTimer 函数中绘制图像，实时显示转速和燃油量，如图 4.65 所示。

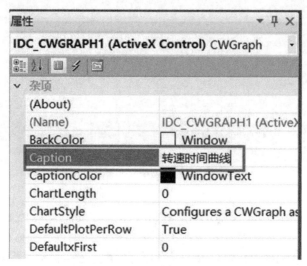

图 4.62　修改函数图像的标题

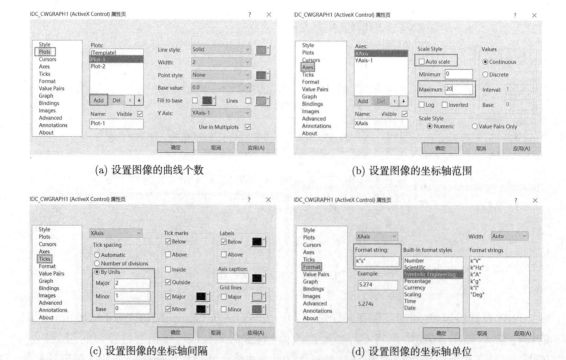

(a) 设置图像的曲线个数　　　　　　　　　　(b) 设置图像的坐标轴范围

(c) 设置图像的坐标轴间隔　　　　　　　　　　(d) 设置图像的坐标轴单位

图 4.63　编辑 "CWGragh Control (National Instruments)" 的属性页

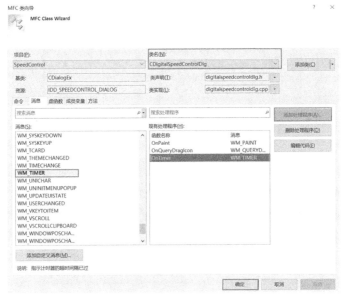

图 4.64　"WM_TIMER" 消息响应函数

```
void CDigitalSpeedControlDlg::OnTimer(UINT_PTR nIDEvent)
{
    // TODO: 在此添加消息处理程序代码和/或调用默认值
    if(m_dTimeLast > dTmax)
    {
        dTmin += 5.0;
        dTmax += 5.0;
        m_NiGraph.GetAxes().Item(1).SetMinMax(dTmin, dTmax);
    }
    m_NiGraph.GetPlots().Item(1).ChartXY(m_dTimeLast, GetDlgItemInt(IDC_EDIT_nr));
    m_NiGraph.GetPlots().Item(2).ChartXY(m_dTimeLast, m_n);//图像曲线显示
    CString szText;
    szText.Format(_T("%1f"), m_n);
    GetDlgItem(IDC_EDIT_n)->SetWindowText(szText);
    szText.Format(_T("%1f"), m_Wf);
    GetDlgItem(IDC_EDIT_Wf)->SetWindowText(szText);
    CDialogEx::OnTimer(nIDEvent);
}
```

图 4.65　OnTimer 函数消息响应函数

　　(14) 在对话框中插入发动机闭环转速 PID 控制的图形。在工具箱中拖动一个 Picture Control 控件移动至对话框中，将属性窗口中的 ID 改为 "IDC_STATIC_IMAGE"，如图 4.66 所示，复制要插入的图片 (图片必须为 Bitmap 类型)；如图 4.67 所示，右击对话框，单击 "打开对话框所在的文件夹"，将图片复制到 res 文件夹中，如图 4.68 所示；打开资源视图，右击 "资源视图"，单击 "添加资源"，如图 4.69 所示，将 Bitmap 导入属性资源中，如图 4.70 所示，此时属性资源中就有了 Bitmap。Bitmap 无法放大或缩小，此时创建函数 ShowImage()，使得图形可以随着 Picture 控件的缩放而缩放。为了在拖动 Bitmap 图像时可以显示光标，ShowImage() 函数需要使用 OnQueryDragIcon() 函数，并且要使图像在对话框中显示，ShowImage() 函数需要在 OnPaint() 函数中调用。系统没有自动为子对话框类添加 OnPaint() 函数以及 OnQueryDragIcon() 函数，因此需要手动添加。如图 4.71 所示，打开项目类向导，以添加 OnPaint() 函数为例，按照图 4.71 所示步骤添加，在对话框中即可呈现插入后的图形 (图 4.72)。

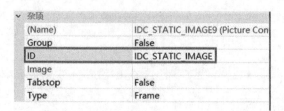

图 4.66　改变 Picture Control 的 ID

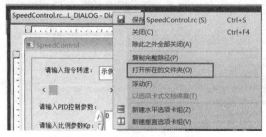

图 4.67　打开资源视图文件

图 4.68　图形存放界面

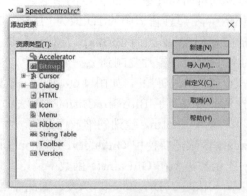

图 4.69　资源视图导入

图 4.70　资源视图

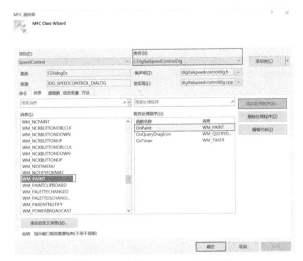

图 4.71　添加 OnPaint() 函数

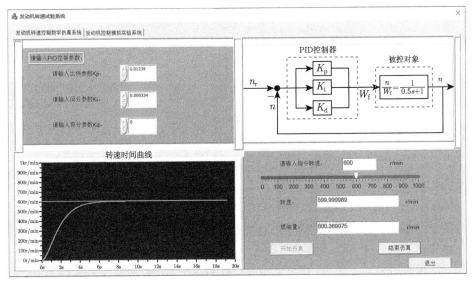

图 4.72　插入图片后的对话框

4.4.3 基于 Visual Studio 的航空发动机转速控制实现实例

在 4.4.2 节设计的基础上,考虑信号的采集和电机驱动电压的输出,基于 Visual Studio 设计转速控制系统,建立过程如下。

(1) 在工程中加入 CTcpSocket 类。发动机转速模拟系统由电动伺服系统、智能数据采集模块、智能驱动模块和数字计算机组成,因此需要在工程中添加相关的函数代码。将 "TcpSocket.cpp""TcpSocket.h" 和 "GlobalDef.h" 拷贝到当前工程文件夹中,右击解决方案资源管理器中的 SpeedContrl,选择添加现有项,将 "TcpSocket.cpp""TcpSocket.h" 和 "GlobalDef.h" 加入工程中。接下来在 "ExperimentalSpeedControlDlg.cpp" 和 "ExperimentalSpeedControlDlg.h" 文件中分别插入代码 #include "GlobalDef.h" 和 #include "TcpSocket.h",即建立源文件和头文件的对应关系。上述过程如图 4.73~ 图 4.76 所示。

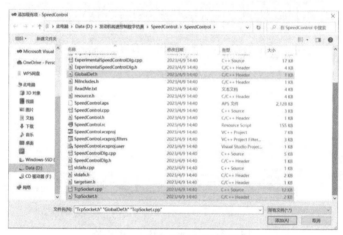

图 4.73　将文件添加至工程中

图 4.74　在项目中添加现有项

(2) 在对话框中加入控件。打开图 4.36 所示的资源视图,双击 "IDD_DIALOG_ExperimentalSpeedControl" 对话框,在该对话框中加入控件。如图 4.77(a) 所示,分别将 Button、

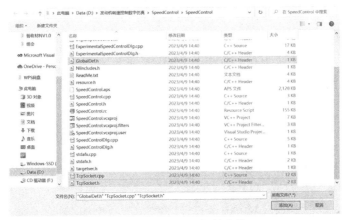

图 4.75　选择要添加的文件

```
// ExperimentalSpeedControlDlg.cpp : 实现文件
//

#include "stdafx.h"
#include "SpeedControl.h"
#include "ExperimentalSpeedControlDlg.h"
#include "afxdialogex.h"
#include "GlobalDef.h"
```

```
#pragma once
#include "afxwin.h"
#include "TcpSocket.h"
```

(a) 在源文件中添加代码　　　　　(b) 在头文件中添加代码

图 4.76　在源文件和头文件中添加代码

(a) 对话框编辑器界面

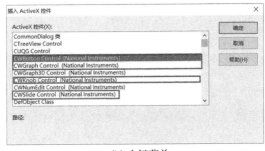

(b) 右键菜单

图 4.77　在 "IDD_DIALOG_ExperimentalSpeedControl" 对话框中添加控件

Edit Control、Static Text 以及 Horizontal Scroll Bar 移动至对话框中。最后右击对话框，出现右键菜单，如图 4.77(b) 所示，选择"插入 ActiveX 控件 (X)···"，选择"CW-Button Control (National Instruments)""CWGragh Control (National Instruments)""CWKnob Control (National Instruments)"，将其插入对话框中，得到如图 4.78 所示的对话框。

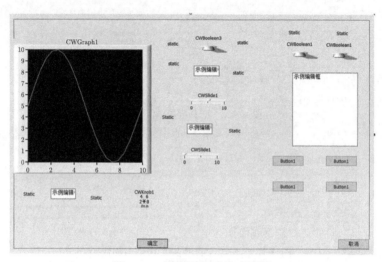

图 4.78　添加控件后的对话框

(3) 为界面添加说明文字。与 4.4.2 节中步骤 (6) 相似，按照同样的方法，修改对话框中所有 Static Caption，修改后的对话框界面如图 4.79 所示。

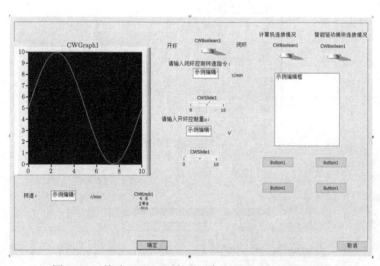

图 4.79　修改 Static 后的发动机转速控制对话框界面

(4) 编辑对话框资源，整理与网络通信相关的控件。将鼠标移动至"计算机连接情况"对应的"CWButton Control (National Instruments)"控件处，右击打开该控件的属性页，如图 4.80(a)

所示，将 Caption 对应的内容删去，将 ID 修改为 "IDC_CWBOOLEAN_NETSTART"；同时打开属性界面的属性页，如图 4.80(b) 所示，选择该控件的 Style 为 "3D Square LED"。

(a) 修改CWButton Control的Caption及ID

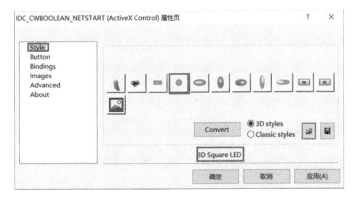

(b) 选择CWButton Control的样式

图 4.80　修改 CWButton Control 的属性

修改 "计算机连接情况" 和 "智能驱动模块连接情况" 控件位置下方的编辑框的属性，如图 4.81 所示，将编辑框的 Multiline 属性修改为 True，并将 ID 修改为 "IDC_EDIT_NETSTATE"。

改变该编辑框下方对应的四个 Button(按钮) 的 Caption 和 ID，分别对应为：

① Caption 为连接网络，ID 为 "IDC_BUTTON_CONNECT"；

② Caption 为断开网络，ID 为 "IDC_BUTTON_DISCONNECT"；

③ Caption 为开始实验，ID 为 "IDC_BUTTON_START"；

④ Caption 为结束实验，ID 为 "IDC_BUTTON_STOP"。

更改后的控件界面如图 4.82 所示。

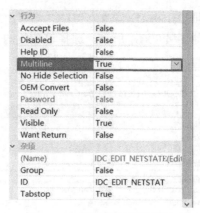

图 4.81　修改编辑框的属性

图 4.82　修改与网络通信相关的控件后界面

(5) 整理对话框上的数字显示控件，并将其与工程联系起来。将鼠标移动至"开环"和"闭环"中间的"CWButton Control (National Instruments)"控件处，右击打开该控件的属性页，将 Caption 对应的内容删去，将 ID 修改为"IDC_CWBOOLEAN_CLOSELOOP"；同时打开属性界面的属性页，如图 4.83 所示，选择该控件的 Style 为"3D Horizontal Slide"。

图 4.83　选择"CWButton Control (National Instruments)"的样式

打开 "CWKnob Control (National Instruments)" 控件的属性，将 Caption 对应的内容删去，将 ID 修改为 "IDC_CWKNOB_Speed"；同时打开属性界面的属性页，如图 4.84(a) 所示，选择该控件的 Style 为 3D Top Meter；如图 4.84(b) 所示，选择该控件的 Numeric 的 Scale 为 0~1000；如图 4.84(c) 所示，在 Ticks 中选择 By Units，将 Major 设置为 100，Minor 设置为 20。

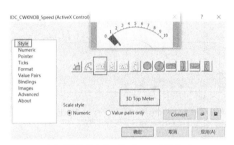

(a) 设置CWKnob Control的Style　　　　　　　(b) 设置CWKnob Control的Numeric

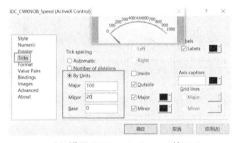

(c) 设置CWKnob Control的Ticks

图 4.84　编辑 "CWKnob Control (National Instruments)" 控件的属性页参数

打开闭环控制转速指令对应的 "CWSlide Control (National Instruments)" 控件属性，如图 4.47 所示，分别设置 CWSlide 控件的 Style、Numeric、Ticks。同样地，设置开环控制输入量对应的 CWSlide 控件的参数。其中，设置转速范围为 0~1000r/min，输入量电压的范围为 −100~100V。

将图 4.85 所示的数字显示控件从上至下 ID 分别设置为：

① IDC_EDIT_nr；

② IDC_CWSLIDE_SpeedCommand；

③ IDC_EDIT_u；

④ IDC_CWSLIDE_ControlOut；

⑤ IDC_CWKNOB_Speed。

建立对话框中图 4.84 所示控件与 ExperimentalSpeedControlDlg 文件的联系。与图 4.48 类似，为上述控件依次添加变量，如图 4.86 所示，并在 DoDataExchange 函数中将这些对象变量与控件进行关联，如图 4.87 所示。

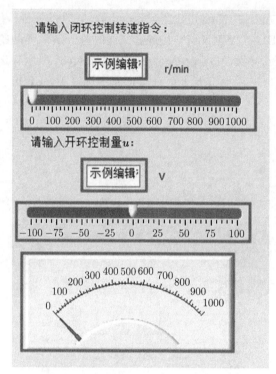

图 4.85　对话框上的数字显示控件界面

```
protected:
    virtual void DoDataExchange(CDataExchange* pDX);       // DDX/DDV 支持
    DECLARE_MESSAGE_MAP()
public:
    CNiSlide m_slide_speedcommand;
    CNiSlide m_slide_controlout;
    CNiKnob m_niknob_speed;
    CNiButton m_NiButton_CloseLoop;
    double m_n;
```

图 4.86　为数字显示控件添加变量

```
DDX_Control(pDX, IDC_CWSLIDE__SpeedCommand, m_slide_speedcommand);//指令转速
DDX_Control(pDX, IDC_CWSLIDE_ControlOut, m_slide_controlout);//给定的控制量
DDX_Control(pDX, IDC_CWKNOB_Speed, m_niknob_speed);//实际转速
DDX_Control(pDX, IDC_EDIT_nr, m_edit_nr);
DDX_Control(pDX, IDC_EDIT_u, m_edit_u);
```

图 4.87　建立数字显示控件与变量的联系

　　分别建立指令转速、开环控制量中的编辑框数据以及滑动条数据的联系。该操作可参照图 4.50～ 图 4.53，具体函数如图 4.88 所示。

```
void CExperimentalSpeedControlDlg::OnEnChangeEditnr()
{
    // TODO:  如果该控件是 RICHEDIT 控件, 它将不
    // 发送此通知, 除非重写 CDialogEx::OnInitDialog()
    // 函数并调用 CRichEditCtrl().SetEventMask(),
    // 同时将 ENM_CHANGE 标志 "或" 运算到掩码中。

    // TODO:  在此添加控件通知处理程序代码
    int num = GetDlgItemInt(IDC_EDIT_nr);  //将文本框中的指令转速数据读出
    m_slide_speedcommand.SetValue(num);
}
```

(a) "IDC_ EDIT_ nr"的消息响应函数代码

```
BEGIN_EVENTSINK_MAP(CExperimentalSpeedControlDlg, CDialogEx)
    ON_EVENT(CExperimentalSpeedControlDlg, IDC_CWSLIDE__SpeedCommand, 1, CExperimentalSpeed
    ON_EVENT(CExperimentalSpeedControlDlg, IDC_CWSLIDE_ControlOut, 1, CExperimentalSpeedCon
END_EVENTSINK_MAP()

void CExperimentalSpeedControlDlg::PointerValueChangedCwslide(long Pointer, VARIANT* Value)
{
    // TODO: 在此处添加消息处理程序代码
    double nr=m_slide_speedcommand.GetValue();
    SetDlgItemInt(IDC_EDIT_nr,nr);
}
```

(b) "IDC_ CWSLIDE_ SpeedCommand"的消息
响应函数代码

```
void CExperimentalSpeedControlDlg::OnEnChangeEditu()
{
    // TODO:  如果该控件是 RICHEDIT 控件, 它将不
    // 发送此通知, 除非重写 CDialogEx::OnInitDialog()
    // 函数并调用 CRichEditCtrl().SetEventMask(),
    // 同时将 ENM_CHANGE 标志 "或" 运算到掩码中。

    // TODO:  在此添加控件通知处理程序代码
    int numu = GetDlgItemInt(IDC_EDIT_u);  //将文本框中的指令转速数据读出
    m_slide_controlout.SetValue(numu);
}
```

(c) "IDC_ EDSIT_ u"的消息响应函数代码

```
void CExperimentalSpeedControlDlg::PointerValueChangedCwslideControlout(long Pointer, VARIANT* Value)
{
    // TODO: 在此处添加消息处理程序代码
    double u=m_slide_controlout.GetValue();
    SetDlgItemInt(IDC_EDIT_u,u);
}
```

(d) "IDC_ CWSLIDE_ ControlOut"的消息响应
函数代码

图 4.88　建立编辑框与滑动条的数据联系

(6) 加入网络通信相关代码和多媒体定时器。首先, 建立对话框中图 4.82 所示控件与 ExperimentalSpeedControlDlg 文件的联系。与图 4.48 类似, 为上述控件依次添加变量, 如图 4.89 所示, 并在 DoDataExchange 函数中将这些对象变量与控件进行关联。

```
// 对话框数据
    enum { IDD = IDD_DIALOG_ExperimentalSpeedControl };

protected:
    virtual void DoDataExchange(CDataExchange* pDX);      // DDX/DDV 支持

    DECLARE_MESSAGE_MAP()

public:
    CButton m_Button_Connect;
    CButton m_Button_Disconnect;
    CButton m_Button_Start;
    CButton m_Button_Stop;
    CString m_strMessage;
    CNiButton m_NiButton_NetState;
    CNiButton m_NiButton_NetStateArm;
};
```

图 4.89　为网络通信相关控件添加变量

然后, 设置定时器, 单击 "项目", 选择 "类向导", 为 "WM_TIMER" 添加消息响应函数 (图 4.90)。

其次, 添加网络通信处理相关函数。在 "ExperimentalSpeedControlDlg.h" 中定义相关变量 (图 4.91), 在类构造函数中为变量赋初值 (图 4.92)

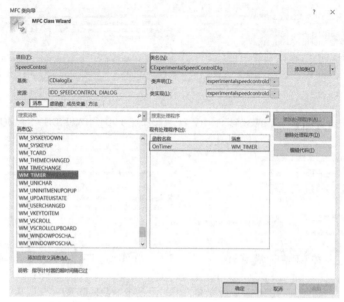

图 4.90   为"WM_TIMER"添加消息响应函数

```
public:
    CButton m_Button_Connect;
    CButton m_Button_Disconnect;
    CButton m_Button_Start;
    CButton m_Button_Stop;
    CString m_strMessage;
    CNiButton m_NiButton_NetState;
    CNiButton m_NiButton_NetStateArm;
    afx_msg void OnTimer(UINT_PTR nIDEvent);
    CTcpSocket m_Server;                    //CTcpSocket 对象
    bool m_bAcceptFlag;                     //接收到数据标志

    int m_nRcvCount;                        //本机（上位机）接收计数
    int m_nRcvCountArm;                     //ARM（下位机）接收计数
    unsigned char m_chNetState;             //本机网络状态(1-正常,0-断开,2-故障)
    unsigned char m_chNetStateArm;          //ARM网络状态(1-正常,0-断开,2-故障)
    unsigned char m_chNetConnectState;      //网络连接状态
    int m_nNetLostCount;                    //网络丢失计数
    int m_nNetReconnectCount;               //网络重连计数
```

图 4.91   在头文件中添加网络通信处理相关函数部分代码

```
CExperimentalSpeedControlDlg::CExperimentalSpeedControlDlg(CWnd* pParent /*=NULL*/
    : CDialogEx(CExperimentalSpeedControlDlg::IDD, pParent)
{
    m_nRcvCount = 0;
    m_nRcvCountArm = 0;
    m_chNetState = 0;
    m_chNetStateArm = 0;
    m_nNetLostCount = 0;
    m_chNetConnectState = 0;
    m_nNetReconnectCount = 0;
    m_bStartTimer = false;
    m_dTimeLast = 0;
    m_nControlMode = 0;
    m_bAcceptFlag=false;
}
```

图 4.92   类构造函数中网络通信相关变量赋值

　　最后，在 "ExperimentalSpeedControlDlg.cpp" 中加入自定义的类成员函数，包括多媒体定时器初始化函数、停止多媒体定时器函数、多媒体定时器回调函数、PID 控制过程函数、转速闭环控制函数、接收数据函数、数据处理函数等。这些函数程序代码 (部分) 如图 4.93~4.101 所示。

```
//初始化多媒体定时器
void CExperimentalSpeedControlDlg::InitMMTimer()
{
    if(m_bStartTimer) return;
    if ( ( m_nMMTimerID = timeSetEvent(DAQ_PERIOD, 1 ,MMTimerProc, (DWORD)this, TIME_PERIODIC ) ) == NULL )
        AfxMessageBox(_T("打开定时器失败，将不能正确计时"), MB_ICONSTOP | MB_OK);
    m_bStartTimer = true;
}
```

图 4.93　多媒体定时器初始化函数

```
//停止多媒体定时器
void CExperimentalSpeedControlDlg::KillMMTimer()
{
    if(!m_bStartTimer) return;
    if ( timeKillEvent( m_nMMTimerID ) == MMSYSERR_INVALPARAM )
        AfxMessageBox(_T("关闭定时器失败"), MB_ICONSTOP | MB_OK);
    m_bStartTimer = false;
}
```

图 4.94　停止多媒体定时器函数

```
//多媒体定时器回调函数
void PASCAL CExperimentalSpeedControlDlg::MMTimerProc( UINT wTimerID, UINT msg, DWORD dwUser, DWORD dw1, DWORD dw2)
{
    CExperimentalSpeedControlDlg *pDlg = (CExperimentalSpeedControlDlg *) dwUser;
    pDlg->RunAll();
}
```

图 4.95　多媒体定时器回调函数

```
//运行在多媒体定时器回调函数中的函数，每1ms执行1次
void CExperimentalSpeedControlDlg::RunAll()
{
    m_dTimeLast +=0.001;

    int i=0;
    static int nSendCount;

    //发送计数，每4ms发送一次
    nSendCount++;
    if(nSendCount>=4)
    {
        nSendCount= 0;
        SpeedControl();
        SendData();
    }
```

图 4.96　PID 控制过程函数

```
//转速闭环控制
void CExperimentalSpeedControlDlg::SpeedControl( )
{
    static double dSpeedError;
    static double dInteg;
    static double dControl;

    m_dKp = 0.4;
    m_dKi = 0.2;
    m_dKd = 0;

    dSpeedError = m_dSpeedCommand - m_dSpeed;
```

图 4.97   转速闭环控制函数

```
//发送数据
void CExperimentalSpeedControlDlg::SendData( )
{
    static unsigned short int nCount;
    char pchSendBuf[72];

    int i;
    nCount++;
```

图 4.98   上位机发送数据函数

```
//接收数据
void CExperimentalSpeedControlDlg::ReceiveData()
{
    static char buf1[9];
    static int nCurIndex;
    int nReceiveCount;
    int i;
```

图 4.99   下位机接收数据函数

```
void CExperimentalSpeedControlDlg::ProcReceiveData()
{
    unsigned char ucSum = 0;
    int i;
    static unsigned char bTestingOld;

    m_chNetState = 2;
    for(i=2;i<24-1;i++) ucSum += m_pucReceiveData[i];
    if(ucSum != m_pucReceiveData[24-1]) return;
    m_chNetState = 1;
```

图 4.100   数据处理函数

```
//将一个短整型数放到2个字节(pucData[1]和pucData[0])中
void CExperimentalSpeedControlDlg::SetShortInt(double dValue,unsigned char *pchData)
{
    short int n;
    n = dValue;
    pchData[0]= n&0xff;
    pchData[1] = (n>>8)&0xff;
}

//将两字节数据(pucData[1]和pucData[0])拼成一个短的无符号整型（16位，0～65535）
unsigned short int CExperimentalSpeedControlDlg::GetShortUInt(unsigned char *pchData)
{
    unsigned short int n;
    n = pchData[1];
    n = (n<<8)|pchData[0];
    return n;
}
```

(a) 短整型数与字节的转换函数

```
//从4个字节中读出一个符点型数
double CExperimentalSpeedControlDlg::GetFloatDataFromChar(unsigned char *pchData)
{
    FloatData MyData;
    MyData.cData[0] =pchData[0];
    MyData.cData[1] = pchData[1];
    MyData.cData[2] = pchData[2];
    MyData.cData[3] = pchData[3];

    return  MyData.fData*1.0;
}

//把一个符点型数送到4个字节中
void CExperimentalSpeedControlDlg::SetFloatData2Char(double dData, unsigned char *pchData)
{
    FloatData MyData;
    MyData.fData = dData;
    pchData[0] = MyData.cData[0];
    pchData[1] = MyData.cData[1];
    pchData[2] = MyData.cData[2];
    pchData[3] = MyData.cData[3];
}
```

(b) 4字节数与字节的转换函数

图 4.101　字节转换函数

(7) 为 Button Control 控件设置消息响应函数。双击 "连接网络"，自动跳转至相应控件的消息函数中，依次为四个按钮添加代码，实现连接、断开、开始和停止功能。四个消息函数代码 (部分) 如图 4.102～ 图 4.105 所示。

```
//连接网络
void CExperimentalSpeedControlDlg::OnBnClickedButtonConnect()
{
    m_strMessage="";
    if(m_Server.Initsocket()==false)
        m_strMessage=m_strMessage+"sock环境初始化失败\r\n";
    else
        m_strMessage=m_strMessage+"sock环境初始化成功\r\n";

    CString hostname, ip, cport;
```

图 4.102　连接网络消息处理函数

```
//断开网络
void CExperimentalSpeedControlDlg::OnBnClickedButtonDisconnect()
{
        m_Server.Clearsocket();
        m_strMessage=m_strMessage+"连接已经断开\r\n";
        SetDlgItemText(IDC_EDIT_NETSTATE, m_strMessage);
        m_Button_Connect.EnableWindow(true);
        m_Button_Disconnect.EnableWindow(false);
        m_bAcceptFlag=false;
}
```

图 4.103   断开网络消息处理函数

```
//开始实验
void CExperimentalSpeedControlDlg::OnBnClickedButtonStart()
{
        m_Button_Stop.EnableWindow(true);
        m_Button_Start.EnableWindow(false);
        InitMMTimer();
        SetTimer(1, 100, NULL);
        m_dTimeLast = 0.0;
        m_NiGraph1.ClearData();
        m_NiGraph1.GetAxes().Item(1).SetMinMax(0, 20);
}
```

图 4.104   开始实验消息处理函数

```
//结束实验
void CExperimentalSpeedControlDlg::OnBnClickedButtonStop()
{
        m_Button_Start.EnableWindow(true);
        m_Button_Stop.EnableWindow(false);
        KillMMTimer();
        m_dControlOut = 0;
        SendData();
}
```

图 4.105   结束实验消息处理函数

　　"确定" 按键的消息响应函数，实现关闭多媒体定时器，并退出实验。该消息响应函数如图 4.106 所示。

```
void CExperimentalSpeedControlDlg::OnBnClickedOk()
{
        // TODO: 在此添加控件通知处理程序代码
        KillMMTimer();
        KillTimer(1);
        CDialogEx::OnOK();
}
```

图 4.106   "确定" 的消息响应函数代码截图

　　(8) 初始化对话框函数并添加消息响应函数代码。与图 4.71 相同，为 Experimental-SpeedControlDlg 添加 OnInitDialog 函数，并在其中设置定时器。

整理对话框上的曲线显示控件并将其与工程联系起来，与图 4.63 类似，改变 "CW-Gragh Control (National Instruments)" 的属性，并建立该控件与 ExperimentalSpeedControlDlg 文件的联系。在添加的 OnTimer 消息响应函数中，绘制转速-时间曲线图像，具体代码如图 4.107 所示。

```
void CExperimentalSpeedControlDlg::OnTimer(UINT_PTR nIDEvent)
{
    // TODO: 在此添加消息处理程序代码和/或调用默认值
    if(m_chNetState)
    {
        m_NiButton_NetState.SetValue(1);
        if(m_chNetState==1) m_NiButton_NetState.SetOnColor(RGB(0,255,0));
        else    m_NiButton_NetState.SetOnColor(RGB(255,255,0));
    }
    else
        m_NiButton_NetState.SetValue(0);
    if(m_chNetStateArm)
    {
        m_NiButton_NetStateArm.SetValue(1);
        if(m_chNetStateArm==1) m_NiButton_NetStateArm.SetOnColor(RGB(0,255,0));
        else    m_NiButton_NetStateArm.SetOnColor(RGB(255,255,0));
    }
    else
        m_NiButton_NetStateArm.SetValue(0);
    CDialogEx::OnTimer(nIDEvent);
}
```

图 4.107　初始化对话框函数并添加消息响应函数代码

完成上述操作后的实验界面如图 4.108 所示。

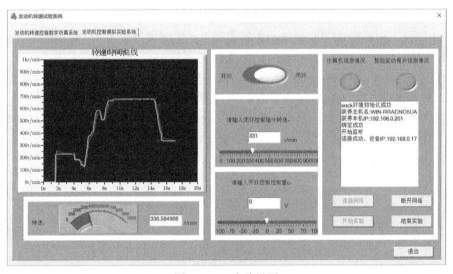

图 4.108　实验界面

4.5　小　　结

本章遵循从理论到实践的原则，面向发动机转速控制系统实现与实践，首先介绍了数字控制系统设计中的离散化方法，包括欧拉法、龙格-库塔法和 z 变换，并给出采用 z 变换离散化发动机转速控制系统实例。基于 MATLAB/Simulink 介绍了发动机转速控制系统全数字仿真过程，包括 PI 控制器设计、被控对象离散化、Simulink 仿真系统建立及其仿真过程。在全数字仿真基础上，进一步以发动机转速控制模拟试验系统为对象，循序渐进地介绍了基于 Visual Studio 建立发动机转速 PID 控制全数字仿真系统和实验系统，并介绍了仿真和实验过程。

习　题

4-1　试求单位阶跃信号 $R(t) = 1$，$t \geqslant 0$ 的拉普拉斯变换和 z 变换。

4-2　试采用 z 变换求取发动机转速控制系统传递函数

$$G(s) = \frac{n(s)}{W_{\mathrm{f}}(s)} = \frac{5}{0.6s + 1}$$

的差分方程。

4-3　已知发动机转速系统传递函数为

$$G_{\mathrm{e}}(s) = \frac{0.0483}{0.29s + 1}$$

燃油调节器传递函数为

$$G_{\mathrm{a}}(s) = \frac{1}{10.48s + 1}$$

设计 PI 控制器，使得转速控制系统稳态误差为 0，超调量小于 5%，调节时间小于 1s；频域性能指标要求为幅值裕度大于 10dB，相位裕度大于 45°，频带宽度大于 1.2rad/s。选取采样时间 $T_{\mathrm{s}} = 0.2$s，基于 Simulink 仿真该转速控制系统，验证上述性能指标是否达到。

4-4　针对习题 4-1 中由发动机、燃油调节器和 PI 控制器构成的发动机转速 PI 控制系统，基于 Visual Studio 设计该系统数字仿真程序。仿真程序具有仿真开始、暂停、结束退出等控制功能，并具有转速指令输入、PI 参数输入、仿真结果曲线 (转速、指令转速等) 图形输出、仿真结果数据文件输出等功能。

第5章 航空发动机数字电子控制器设计实践

5.1 航空发动机数字电子控制器的组成

从硬件的角度，发动机数字电子控制器一般分为输入模块、控制模块、输出模块、故障检测与切换模块、电源模块等，如图 5.1 所示。

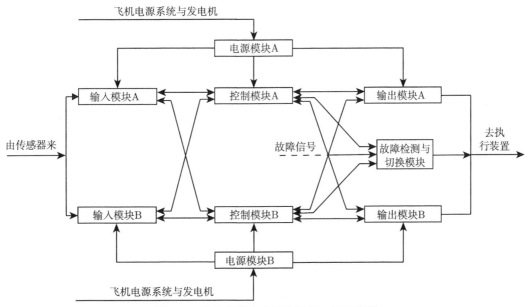

图 5.1 发动机数字电子控制器一般结构图

控制模块是控制器的核心模块，其功能是根据输入模块提供的当前信号和相关的历史信息，按照规定的调节计划，进行适当的控制算法的递推运算或逻辑判断，产生对发动机控制的当前控制信号，供输出模块使用；监视各输入参数或信号的正确性，给出相应的通

道切换信息 (有时由输入模块处理); 与外界的通信处理。

控制模块是围绕微处理器核心电路构成的, 控制模块与输入模块之间有输入接口, 控制模块与输出模块之间有输出接口, 为故障检测电路提供故障信息, 并接受故障切换指令, 另外, 它还具有与外部电子设备连接的通信接口。

微处理器核心电路一般包括中央处理器 (central processing unit, CPU)、随机存储器 (random access memory, RAM)、只读存储器 (read-only memory, ROM)、晶体振荡电路、复位电路、看门狗电路等, 如图 5.2 所示。图中, RD 表示读指令, WR 表示写指令。

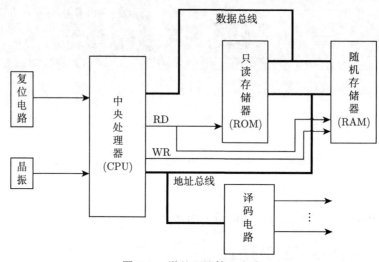

图 5.2   微处理器核心电路

一般需要对微处理器核心电路进行扩展, 以实现面向实时控制应用的各项功能。一般包括中断控制器、直接存储器访问 (direct memory access, DMA) 控制器、定时/计数器、并行 IO(input/output, 输入/输出) 口、串行通信等接口电路。

5.2   传感器及其信号调理电路

航空发动机上安装有大量的传感器, 主要包括转速、温度、压力、位置等传感器, 将发动机的状态信息反馈给数字电子控制器, 数字电子控制器再根据这些状态信息及飞行员指令发出控制指令, 保证发动机能够安全、精确、稳定地运行。

传感器信号主要包括模拟量信号、频率量信号和开关量信号等类型。对于模拟量信号, 需要在数字电子控制器输入模块进行调理, 包括信号转换、信号放大以及隔离等, 再由 A/D 转换器进行采集。频率量信号和开关量信号也需要调理电路进行处理, 经过前置滤波、放大、整形、光耦隔离及电压变换等环节后, 再经由 F/D(frequency/digital, 频率/数字) 转换为数字量, 由数字电子控制器采集。本节分别对温度、转速两种类型的传感器及其调理电路的工作原理进行介绍。

5.2.1　温度传感器

1) 工作原理

温度是发动机重要参数之一，也是衡量发动机是否正常工作的重要指标。因此，对温度进行准确有效的采集，可以为衡量发动机是否正常工作提供必要的数据支持。温度传感器种类繁多，其中热电偶温度传感器是一种无源传感器，不需要输入激励电压，就能将温度转换为电压输出，同时具有结构简单、性能稳定、测温范围宽、热响应时间短、无自发热等优点，还具有较高的准确度、稳定性和复现性。因此，本节主要介绍热电偶温度传感器结构及其相关设计。

热电偶是利用金属的热电现象，将被测介质的温度变化转换为相应的电量输出，其基本结构如图 5.3 所示。将两种金属 A、B 的两端焊接成闭合回路，接点 1 称为热端或工作端，它与被测高温接触；接点 2 称为冷端或自由端，它置于恒定低温处。由于两个接点温度不等，闭合回路中产生了与制作材料相关，与两端温度成正比的热电势 E，该热电势可由串接的毫伏表 (mV) 测出。对于已选定材料的某一热电偶，当其自由端温度恒定时，回路中的热电势为工作端温度的单值函数，所以此时通过测量热电势就可以对应测得工作点的实际温度。

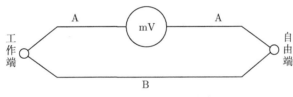

图 5.3　热电偶基本结构

K 型热电偶是目前用量最大的廉金属热电偶，其用量与其他热电偶用量的总和相当。K 型热电偶通常由感温元件、安装固定装置和接线盒等主要部件组成。K 型热电偶丝直径一般为 1.2~4.0mm。正极的名义化学成分 Ni:Cr=92:12，负极的名义化学成分 Ni:Si=99:3，其使用温度为 −200 ~ 1300℃。K 型热电偶具有线性度好、热电动势较大、灵敏度高、稳定性和均匀性较好、抗氧化能力强、价格低廉等优点。K 型热电偶可以直接测量各种生产中液体蒸汽和气体介质，以及固体的表面温度。

2) 调理电路原理

热电偶温度传感器所输出的信号是毫伏级的微弱电压信号，不能直接被控制仪器采用，通过信号调理电路可以将热电偶温度传感器输出的电压信号放大，如放大至 0~5V 电压范围。

首先需要查询 K 型热电偶分度表，分度表是自由端温度为 0℃，被测温度与热电偶信号之间的关系表。K 型热电偶分度表如图 5.4 所示，温度单位为 ℃，电压单位为 mV。

根据测温范围，查询 K 型热电偶分度表，可得到对应的热电偶输出热电势的范围。再根据放大后的电压范围，即可确定电压放大电路的放大倍数。信号调理电路除了电压放大电路，一般还包括电磁干扰 (electromagnetic interference, EMI) 防护电路和 RC 低通滤波电路。

温度	0	-10	-20	-30	-40	-50	-60	-70	-80	-90	-95	-100
-200	-5.8914	-6.0346	-6.1584	-6.2618	-6.3438	-6.4036	-6.4411	-6.4577	—	—	—	—
-100	-3.5536	-3.8523	-4.1382	-4.4106	-4.669	-4.9127	-5.1412	-5.354	-5.5503	-5.7297	-5.8128	-5.8914
0	0	-0.3919	-0.7775	-1.1561	-1.5269	-1.8894	-2.2428	-2.5866	-2.9201	-3.2427	-3.3996	-3.5536

温度	0	10	20	30	40	50	60	70	80	90	95	100
0	0	0.3969	0.7981	1.2033	1.6118	2.0231	2.4365	2.8512	3.2666	3.6819	3.8892	4.0962
100	4.0962	4.5091	4.9199	5.3284	5.7345	6.1383	6.5402	6.9406	7.34	7.7391	7.9387	8.1385
200	8.1385	8.5386	8.9399	9.3427	9.7472	10.1534	10.5613	10.9709	11.3821	11.7947	12.0015	12.2086
300	12.2086	12.6236	13.0396	13.4566	13.8745	14.2931	14.7126	15.1327	15.5536	15.975	16.186	16.3971
400	16.3971	16.8198	17.2431	17.6669	18.0911	18.5158	18.9409	19.3663	19.7921	20.2181	20.4312	20.6443
500	20.6443	21.0706	21.4971	21.9236	22.35	22.7764	23.2027	23.6288	24.0547	24.4802	24.6929	24.9055
600	24.9055	25.3303	25.7547	26.1786	26.602	27.0249	27.4471	27.8686	28.2895	28.7096	28.9194	29.129
700	29.129	29.5476	29.9653	30.3822	30.7983	31.2135	31.6277	32.041	32.4534	32.8649	33.0703	33.2754
800	33.2754	33.6849	34.0934	34.501	34.9075	35.3131	35.7177	36.1212	36.5238	36.9254	37.1258	37.3259
900	37.3259	37.7255	38.124	38.5215	38.918	39.3135	39.708	40.1015	40.4939	40.8853	41.0806	41.2756
1000	41.2756	41.6649	42.0531	42.4403	42.8263	43.2112	43.5951	43.9777	44.3593	44.7396	44.9293	45.1187
1100	45.1187	45.4966	45.8733	46.2487	46.6227	46.9955	47.3668	47.7368	48.1054	48.4726	48.6556	48.8382
1200	48.8382	49.2024	49.5651	49.9263	50.2858	50.6439	51.0003	51.3552	51.7085	52.0602	52.2354	52.4103
1300	52.4103	52.7588	53.1058	53.4512	53.7952	54.1377	54.4788	54.8186	—	—	—	—

图 5.4　K 型热电偶分度表

采用两级放大电路对热电偶温度传感器信号进行放大，图 5.5 为第一级放大电路。图中，数字 1~8 表示运算放大器 U1 的 8 个引脚的序号，其中引脚 7 接正电源 VDD，引脚 4 接负电源 VSS，引脚 5 未引用，因此图中未显示。该放大电路为比例放大电路，分析其工作原理如下。

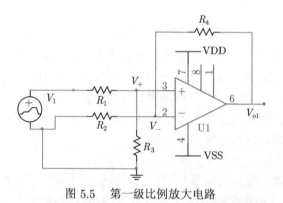

图 5.5　第一级比例放大电路

对于图 5.5 所示的放大电路，其输入电压为 V_1，输出电压为 V_{o1}。另外，记运算放大器 U1 的同相端电压为 V_+，反相端电压为 V_-；记运算放大器 U1 的同相端输入电流为 i_+，反相端输入电流为 i_-。

根据虚短、虚断的概念有 $V_+ = V_-$，$i_+ = i_- = 0$，因此有

$$\frac{V_1 - V_+}{R_1} = \frac{V_+}{R_3} \tag{5.1}$$

$$\frac{V_{o1} - V_-}{R_4} = \frac{V_-}{R_2} \tag{5.2}$$

$$V_+ = V_- \tag{5.3}$$

联立式 (5.1)～ 式 (5.3)，可得

$$V_{o1} = \frac{R_2 + R_4}{R_2} \frac{R_3}{R_1 + R_3} V_1 \tag{5.4}$$

一般选取 $R_1 = R_2$，$R_3 = R_4$，进一步可以得到

$$V_{o1} = \frac{R_3}{R_1} V_1 \tag{5.5}$$

由此可见，第一级比例放大电路的放大倍数为 R_3/R_1。

第二级放大电路采用同相放大电路，如图 5.6 所示。其输入电压为 V_{o1}，输出电压为 V_o。运算放大器 U2 的同相端电压记为 V_+，反相端电压记为 V_-。另外，记运算放大器 U2 的同相端输入电流为 i_+，反相端输入电流为 i_-。

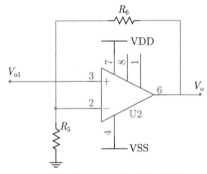

图 5.6　第二级同相放大电路

根据虚短、虚断的概念有 $V_+ = V_-$，$i_+ = i_- = 0$，因此有

$$\frac{V_o - V_-}{R_6} = \frac{V_-}{R_5} \tag{5.6}$$

$$V_+ = V_- = V_{o1} \tag{5.7}$$

联立式 (5.6) 和式 (5.7)，可得

$$V_o = \frac{R_5 + R_6}{R_5} V_{o1} \tag{5.8}$$

即第二级同相放大电路的放大倍数为 $(R_5 + R_6)/R_5$。

5.2.2　转速传感器

1) 工作原理

转速传感器主要有磁电式转速传感器和霍尔式转速传感器两种，它们都是利用敏感元件和测速齿盘 (音轮) 之间的相互作用来测量转速的。其中，磁电式转速传感器是一种无源

传感器，具有结构简单、测量精度高、输出稳定等优点，在航空发动机领域得到了广泛的应用。

磁电式转速传感器由永磁体、铁磁芯、感应线圈、音轮等组成，其中音轮安装在被测转轴上，并随它一起转动，其结构如图 5.7 所示。

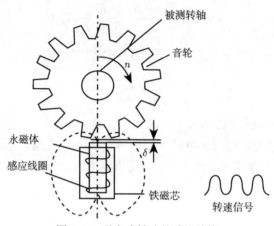

图 5.7　磁电式转速传感器结构

永磁体产生的磁力线通过铁磁芯对准音轮的齿顶，齿顶与铁磁芯之间的间隙为 δ，每当音轮扫过磁场时，就改变一次磁路的磁阻，从而使磁通量产生变化，感应线圈感应出交变电动势，输出一个脉冲信号。音轮连续旋转，就有连续的脉冲信号输出，从而将转速信号转变为周期性的脉冲信号。脉冲信号的频率与转速的关系为 $n = 60f/z$。式中，n 为发动机转速 (r/min)，f 为脉冲信号的频率 (Hz)，z 为音轮的齿数。因此，已知音轮齿数 z(通常为 60 的倍数)，测量出脉冲信号的频率 f 后 (测量方法为测频法、测周法)，就可以得到发动机转速 n。

2) 调理电路原理

磁电式转速传感器输出的是周期脉冲信号，然而实际中这种信号并不是理想的周期脉冲，它的波形有点类似于正弦波，且在低转速和高转速情况下输出不同，在低转速下输出波形频率低，幅值小；在高转速下输出波形频率高，幅值大。无论从波形还是幅值上来看，这种信号都不能直接进入数字电子控制器中，这就需要利用信号调理电路进行调理。

调理电路可将传感器输出的信号调制为标准电压信号，即 0~5V 的电压频率信号。调理电路主要由 EMI 防护电路、RC 低通滤波电路、钳位电路、放大电路以及比较整形电路五部分构成。

钳位电路一般由两个反向并联的二极管组成，用于对输入电压信号进行钳制，将其限制在一个可控的范围内，以保证后续电压放大的一致性。另外，发动机是高速旋转的机械设备，其转速较高，因此加入钳位电路还可以防止转速较高时，过高的输入信号引起电路损坏，提高电路的可靠性。钳位电路如图 5.8 所示。二极管选取 1N4003G，其正向导通压降为 1.1V，因此其输出电压的幅值小于等于 1.1V。

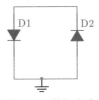

图 5.8　钳位电路

放大电路用于输入信号的电压幅值。转速传感器在低转速下输出信号比较弱，需要进行放大处理。选取反向双运算放大器 LM358AD，它具有输出信号强、抗干扰能力强等特点，适合在发动机传感器调理电路中使用，能够提升电路的抗干扰能力。反相比例放大电路如图 5.9 所示。

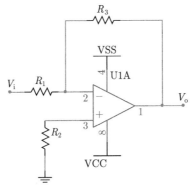

图 5.9　反相比例放大电路

如图 5.9 所示，该放大电路为反相比例放大电路，输入电压为 V_i，输出电压为 V_o。运算放大器 U1A 的同相端电压记为 V_+，反相端电压记为 V_-。另外，记运算放大器 U1A 的同相端输入电流为 i_+，反相端输入电流为 i_-。

根据虚短、虚断的概念有 $V_+ = V_-$，$i_+ = i_- = 0$，因此有

$$\frac{V_i - V_-}{R_1} = \frac{V_- - V_o}{R_3} \tag{5.9}$$

$$V_+ = V_- = 0 \tag{5.10}$$

联立式 (5.9) 和式 (5.10)，可得

$$V_o = -\frac{R_3}{R_1} V_i \tag{5.11}$$

需要注意的是，式 (5.11) 中的负号表示输出电压 V_o 和输入电压 V_i 反相。

比较整形电路用于对前级电路传输来的信号进行整形，输出方波信号。比较整形电路基于 LM393AD 芯片构建，供电电源为地信号和 +5V 电信号。电路的比较基准选取地信号，输出峰-峰值为 5V 的单极性方波信号，如图 5.10 所示。注意电路输出接上拉电阻 R_6。

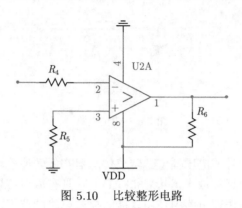

图 5.10   比较整形电路

5.3   信号调理电路 Multisim 设计实例

5.3.1   Multisim 软件安装

Multisim 是美国 NI 公司 (美国国家仪器公司) 推出的基于 Windows 平台的电子电路设计仿真工具，可用于板级模拟/数字电路原理图、印制电路板 (printed-circuit board, PCB) 图的设计、仿真和分析。本节以在 Windows 10 平台安装的 Multisim 14.2 为例，介绍 Multisim 软件的安装过程。

(1) 打开 Multisim 安装软件所在的文件夹，右击 "Install.exe"，在弹出的菜单栏中单击 "以管理员身份运行 (A)"，如图 5.11 所示。

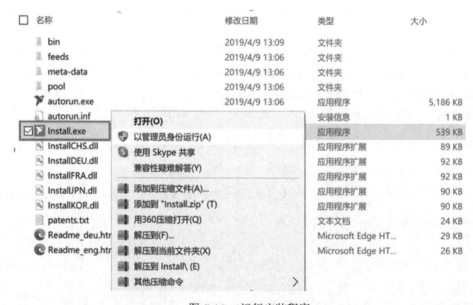

图 5.11   运行安装程序

(2) 在 "NI 包管理器" 许可协议界面，选择 "我接受上述 2 条许可协议"，单击 "下一步" 按钮，如图 5.12 所示。

图 5.12　"NI 包管理器" 许可协议界面

(3) "NI 包管理器" 显示 "安装" 和 "更新" 信息核对界面，单击 "下一步" 按钮，如图 5.13 所示。

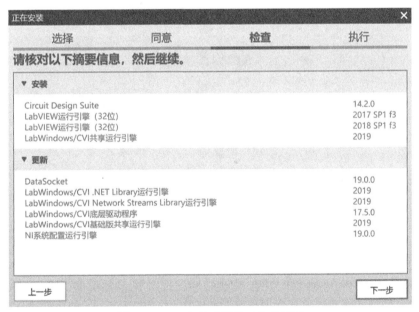

图 5.13　NI 包管理器核对信息界面

(4) 软件安装完成以后，弹出 "NI 许可向导" 和 "NI 用户登录" 对话框，分别单击两个对话框右上角的 "关闭" 图标，将它们关闭，如图 5.14 所示。

图 5.14　"NI 许可向导"和"NI 用户登录"对话框

(5) "NI 包管理器"显示重启操作系统界面，单击"立即重启"按钮，完成 Multisim 软件的安装，如图 5.15 所示。

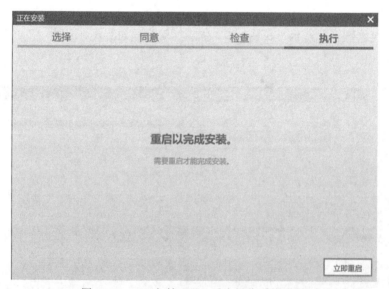

图 5.15　"NI 包管理器"重启操作系统界面

5.3.2　热电偶信号调理电路

以测量温度范围为 0~500℃ 为例，温度传感器选用 K 型热电偶，使用 Multisim 设计一个热电偶信号调理电路，将热电偶信号放大为 0~5V 电压信号。查阅图 5.4 可知，温度为 500℃ 时，K 型热电偶的输出为 20.6443mV。由此可求出调理电路的电压放大倍数约为 242.2，取整后为 240。

采用两级放大电路对热电偶信号进行放大，第一级放大电路采用反相比例放大电路，放大倍数选取 24，第二级放大电路采用同相比例放大电路，放大倍数选取 10。

运行 Multisim 软件，在工作区打开一个空白文件 "Design1"。单击 File(文件) 菜单，在下拉菜单中选取 Save as(另存为) 菜单项，弹出保存对话框。选取文件保存位置，并输入文件名，文件名修改为 Temp，单击 "确定" 按钮，如图 5.16 所示。

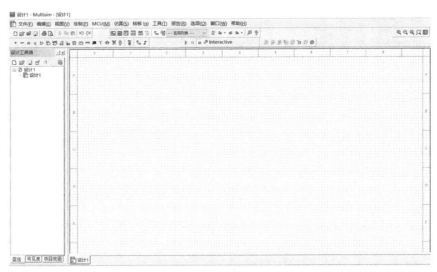

图 5.16　Multisim 软件界面

选取 OP07CS8 芯片作为两级放大电路的运算放大器。在菜单栏中单击 Place(放置) 菜单项，在其下拉菜单项中单击 Component(器件) 菜单项，如图 5.17 所示。

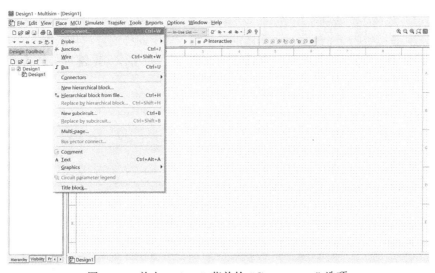

图 5.17　单击 "Place" 菜单的 "Component" 选项

弹出 Select a Component(器件选取) 对话框，如图 5.18 所示。在过滤选项编辑框中输入 "OP07CS8"，然后单击 OK(确定) 按钮，完成 OP07CS8 芯片的选择。

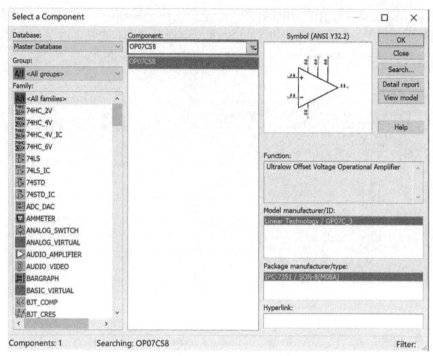

图 5.18   Select a Component 对话框

OP07CS8 芯片随着光标移动，单击将 OP07CS8 芯片放置在工作区的适当位置。OP07CS8 芯片的参考标号为 U1。

在 Select a Component 对话框的 Group(组别) 下拉列表框中选取 Basic(基本) 组，在 Family(家庭) 列表框中选取 RESISTER(电阻) 项，在 Component 列表框中选取 "1k"，单击 OK 按钮，将此电阻 R_1 放置在工作区的适当位置。用同样的方法再放置三个 1kΩ 电阻，其标号分别为 R_2、R_3 和 R_4，如图 5.19 所示。注意，按 Ctrl+R 键可旋转器件的方向。

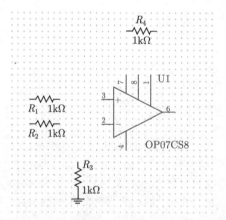

图 5.19   布置 OP07CS8 芯片位置和电阻器件

　　放置一个 VDD(12.0V) 正电源，放置一个 VSS(−12.0V) 负电源，再放置一个电源地，并连接相应引脚，构成第一级放大电路，如图 5.20 所示。

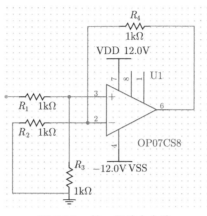

图 5.20　第一级放大电路

　　根据前面的设计，第一级放大电路的放大倍数为 24，重新选取 4 个电阻的阻值，R_1 为 10kΩ，R_2 为 10kΩ，R_3 为 240kΩ，R_4 为 240kΩ。

　　第二级放大电路为同相比例放大电路，在工作区绘制第二级放大电路，如图 5.21 所示。根据前面的设计，放大倍数为 10，选取 R_5 为 10kΩ，R_6 为 90kΩ。

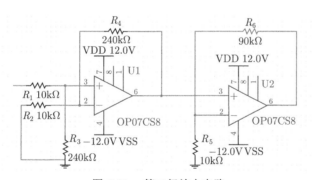

图 5.21　第二级放大电路

　　在菜单栏单击 Place 菜单项，在其下拉菜单项中单击 Component 菜单项，弹出 Select a Component 对话框。在 Group 下拉列表框中选取 Sources(源) 组，在 Family 列表框中选取 "SIGNAL_VALTAGE_SOURCES"(电压信号源) 项，在 Component 列表框中选取 "PIECEWISE_LINEAR_VOLTAGE"(分段线性电压)，单击 OK 按钮，将此信号源放置在工作区的合适位置。信号源标号为 V1，将其与第一级放大电路连接，如图 5.22 所示。

　　信号源 V_1 用于模拟热电偶，产生微小电压信号。右击信号源 V_1，在弹出的菜单框中选取 Properties(属性) 菜单项，弹出信号源属性对话框。在 Value(值) 标签页，选择 Enter data points in table(在表中输入数据点)，并在下面的表格中填入三个数据点，如图 5.23 所示，即从 0s 到 0.6s，信号源输出电压从 0mV 线性增大到 20.6443mV。从 0.6s 到 1.2s，信号源输出电压保持为 20.6443mV 不变。

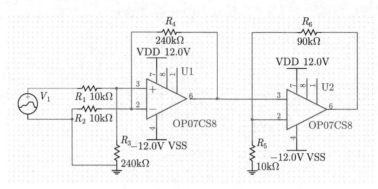

图 5.22   添加电压信号源

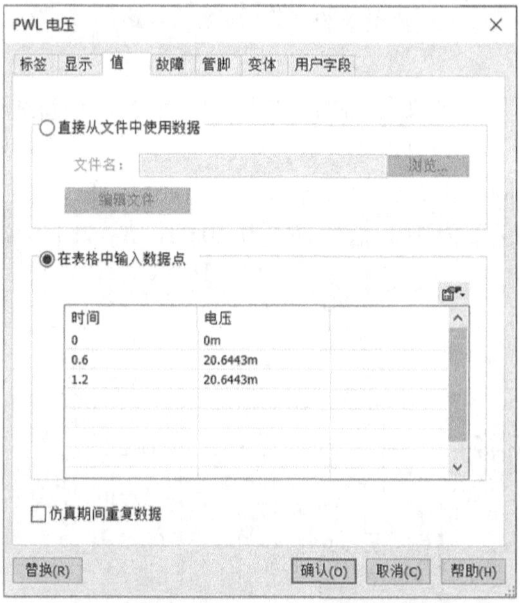

图 5.23   在信号源属性对话框输入数据点

单击工作区右侧工具栏的示波器图标，在工作区中适当位置放置示波器 XSC1。A 通道测量两级放大电路的输出，B 通道测量电压信号源 V1 的输出，电路连接如图 5.24 所示。

A 通道和 B 通道的信号线都为红色。为了便于区分示波器显示的两条信号曲线，修改 B 通道的信号线颜色。双击 B 通道 "+" 端信号线，弹出 Net Properties(网络属性) 对话框，如图 5.25 所示。双击 Net color(网络颜色) 图标，弹出 Colors 对话框，选择合适的颜色，单击 OK 按钮，关闭 Colors 对话框。在 Net Properties 对话框中，单击 OK 按钮，将其关闭。

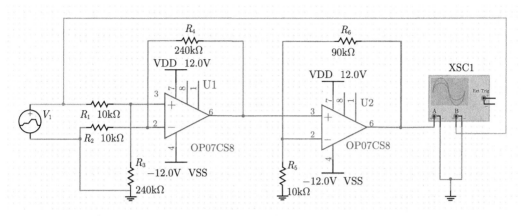

图 5.24　在工作区中添加示波器

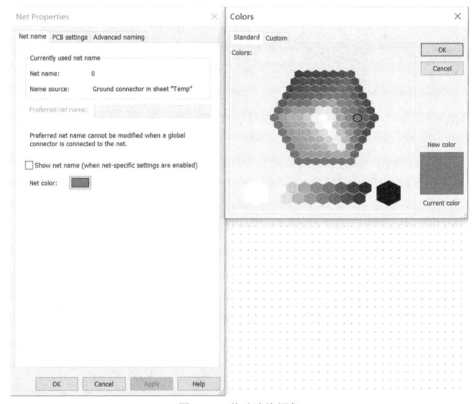

图 5.25　修改连线颜色

双击工作区中的示波器，弹出示波器操作面板，如图 5.26 所示。根据仿真时间及信号电压的范围，修改时间刻度为每格 200ms，修改 A 通道的刻度为每格 2V，修改 B 通道的刻度为每格 20mV。

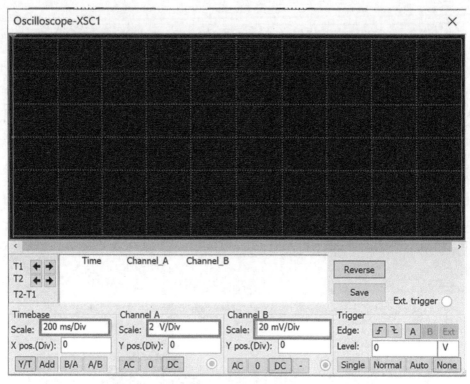

图 5.26　示波器操作面板

单击工作区上部工具栏的运行图标 ▷，开始仿真过程，如图 5.27 所示。到设定的仿真时间后，单击图标 ■ 结束仿真过程。

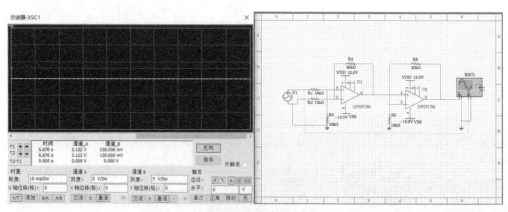

图 5.27　仿真过程

单击 View 菜单，在其下拉菜单中单击 Grapher(记录仪)，如图 5.28 所示。

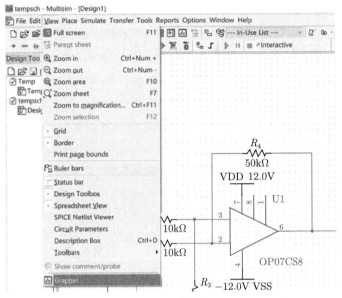

图 5.28　单击 "View" 菜单的 "Grapher" 项

弹出 Grapher View 对话框，如图 5.29 所示。单击对话框工具栏的背景切换图标 ，将视图区的背景颜色改为白色。点击测量线图标 ，在视图区显示测量线，并弹出 Cursor(光标) 对话框。在 Cursor 对话框中，显示测量线所在位置信号曲线的坐标及斜率等参数。可以看出，输入信号为 20.6443mV 时，放大电路的输出电压为 5.1792V，电路的实际放大倍数为 250.88。

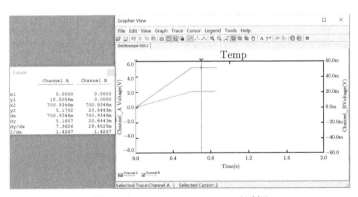

图 5.29　"Grapher View" 对话框

5.3.3　转速信号调理电路

本节给出基于 Multisim 软件的转速信号调理电路设计实例。

运行 Multisim 软件，在工作区打开一个空白文件 "Design1"。单击 File(菜单)，在下拉菜单中选取 Save as(另存为) 菜单项，弹出保存对话框。选取文件保存位置，并输入文件名，文件名修改为 SpeedSch，单击 "确定" 按钮。

在菜单栏中单击 Place(放置) 菜单项，在其下拉菜单项中单击 Component，弹出 Select a Component 对话框。在过滤选项编辑框中输入 "1N4003G"，然后单击 OK 按钮。在工作区适当位置放置二极管 D1，以同样方法再放置一个相同型号的二极管 D2。将两个二极管连接，组成一个电压钳位电路，如图 5.30 所示。

图 5.30　添加电压钳位电路

在电路图中添加一级放大电路。放大电路采用反相比例放大电路，运算放大器选用 LM358AD 芯片，电压放大倍数为 4。选取电阻 R_1、R_2 和 R_3 的阻值分别为 25kΩ、20kΩ 和 100kΩ。进一步添加电源后，电路如图 5.31 所示。需要注意的是，LM358AD 芯片是双运算放大器芯片，选用的是运放 A，在图 5.31 中对应的标号为 U1A。此外，为了便于连线，将运算放大器 U1A 进行垂直方向的翻转，右击 U1A 芯片，在弹出的菜单栏中选择 Flip vertically 即可完成该操作。

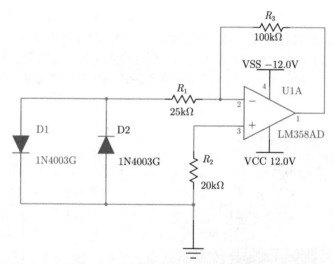

图 5.31　添加第一级放大电路和电源

在电路图中添加比较整形电路，电压比较器选用 LM393DG 芯片。同样地，LM393DG 芯片是双电压比较器芯片，选取 A 比较器，标号为 U2A。为了便于布线，将比较器 U2A 进行垂直方向的翻转，如图 5.32 所示。两个电阻 R_4 和 R_5 的阻值均为 50kΩ，上拉电阻 R_6 为 10kΩ。为 LM393DG 芯片加上电源，引脚 4 接地，引脚 8 接 VDD(5.0V) 电源。

通过 Select a Component 对话框添加电压信号源。在 Group 下拉列表框中选取 Sources 组，在 Family 列表框中选取 "SIGNAL_VALTAGE_SOURCES" 项，在 Component 列表框中选取 "AC_VOLTAGE"，单击 OK 按钮，将此信号源放置在工作区的适当位置。信号源标号为 V_1，将其与第一级放大电路连接，如图 5.33 所示。

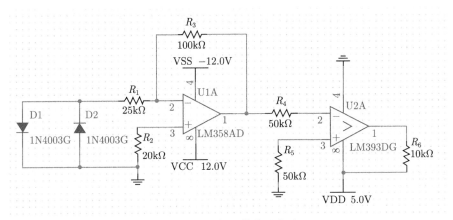

图 5.32　添加比较整形电路

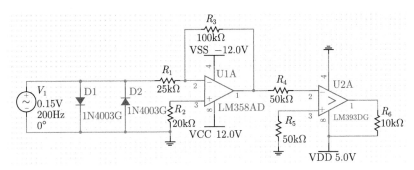

图 5.33　添加和设置电压信号源

信号源 V_1 产生正弦电压信号，用于模拟转速传感器的信号。右击信号源 V_1，在弹出的菜单框中选取 Properties 菜单项，弹出信号源属性对话框。在 Value 标签页设置 "Voltage(Pk)"(峰值电压) 为 0.15V，设置 "Frequency(F)"(频率) 为 200Hz。

单击工作区右侧工具栏中的示波器图标，在工作区中适当位置放置示波器 XSC1。A 通道测量比较电路的输出，B 通道测量电压信号源 V_1 的输出，电路连接如图 5.34 所示。

双击工作区中的示波器，弹出示波器操作面板。根据仿真时间及信号电压的范围，修改时间刻度为每格 10ms，修改 A 通道的刻度为每格 2V，修改 B 通道的刻度为每格 100mV。

单击工作区上部工具栏的运行图标 ▷，开始仿真过程。结束仿真时，单击图标 ■ 结束仿真过程。

打开 Grapher View 对话框，如图 5.35 所示。单击对话框工具栏中的背景切换图标，将视图区的背景颜色修改为白色。单击对话框的 Graph 菜单，在其下拉菜单中选取 Zoom in horizontal only(仅水平放大)，在对话框的视图区水平拖动鼠标选择需要放大的区域，松开鼠标即可得到水平放大后的仿真图。

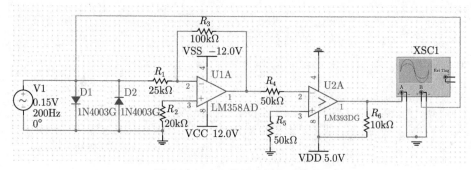

图 5.34　在工作区中添加示波器

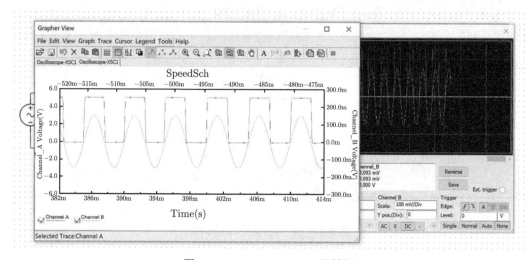

图 5.35　Grapher View 对话框

5.4　RS-232C 串行通信原理

RS-232C 串行通信 (简称 RS-232C 通信) 属于串行异步通信，通信过程中收发双方没有共同的时间基准，以字符为单位进行传输和接收。串行通信的本质功能是作为 CPU 和串行设备间的编码转换器。当数据从 CPU 经过串行端口发送出去时，字节数据转换为串行的位。在接收数据时，串行的位转换为字节数据。RS-232C 通信接口是目前应用最为广泛的一种串行异步通信接口，采用单端驱动、单端接收电路，其最大传输速度为 20kbit/s，最大传输距离为 15m。

台式计算机一般使用 8250 或 16550 作为串行通信的控制器，使用 9 芯或 25 芯的 D 型连接器 (DB-9 或 DB-25) 将串行口的信号送出。对于 9 芯 D 型连接器，其引脚信号定义如表 5.1 所示。

以上信号在通信过程中可能会被全部或部分使用。本实验中仅需 TXD 信号、RXD 信号及 GND 信号即可完成通信，其他的握手信号可以不使用，如图 5.36 所示。

表 5.1　9 芯 D 型连接器引脚信号定义

DB-9	信号名称	方向	含义
3	TXD	输出	数据发送端
2	RXD	输入	数据接收端
7	RTS	输出	请求发送 (计算机要求发送数据)
8	CTS	输入	清除发送 (MODEM 准备接收数据)
6	DSR	输入	数据设备准备就绪
5	GND	—	信号地
1	DCD	输入	数据载波检测
4	DTR	输出	数据终端准备就绪 (计算机)
9	RI	输入	响铃指示

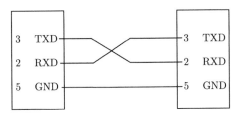

图 5.36　RS-232C 串行通信信号连接示意图

RS-232C 通信使用 $-3 \sim -15\text{V}$ 表示数字 "1"，使用 $3\sim15\text{V}$ 表示数字 "0"，RS-232C 通信在空闲时处于逻辑 "1" 状态，在开始传送时，首先产生一起始位，起始位为一位宽度的逻辑 "0" 状态，其后为所要传送的数据，所要传送的数据由最低位开始依次送出，并以一个结束位标志该字节传送结束，结束位为一位宽度的逻辑 "1" 状态。RS-232C 通信的数据格式如图 5.37 所示。

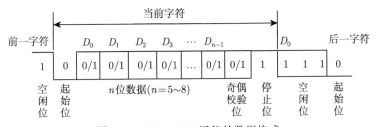

图 5.37　RS-232C 通信的数据格式

为了描述通信的数据传输速率，定义单位时间内传输的二进制位数为波特率 (Baud rate)，一般以 bit/s 为单位。工程中常见的波特率有 9600bit/s、19200bit/s、38400bit/s、115200bit/s 等。

5.5　RS-232C 通信程序设计及仿真

5.5.1　VSPD 虚拟串口安装及设置

1) 安装 VSPD

虚拟串口 (virtual serial port driver, VSPD) 安装压缩包 解压后如图 5.38 所示。

snd　　　　　　　　　　　　　2008/9/10 4:50　　　　　系统信息文件

vspd　　　　　　　　　　　　　2008/9/12 0:28　　　　　应用程序

图 5.38　　解压后的虚拟串口安装包

双击 vspd 开始安装，语言默认为 English，单击 OK 按钮开始安装，如图 5.39 所示。

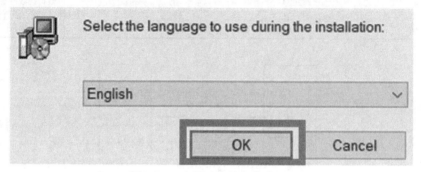

图 5.39　　安装过程的语言设置

单击 Next 按钮，如图 5.40 所示。

图 5.40　　安装过程详解

选择 I accept the agreement 接受协议，单击 Next 按钮继续安装，其过程如图 5.41 所示。

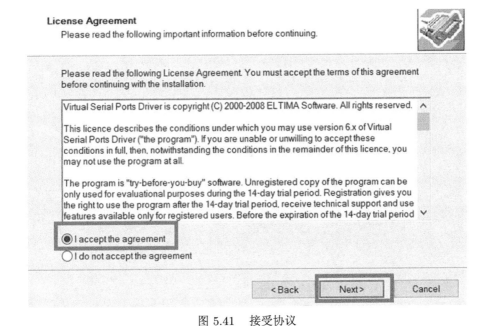

图 5.41　接受协议

安装位置使用默认的位置，不用更改，如图 5.42 所示。后面出现的界面均单击 Next
按钮。

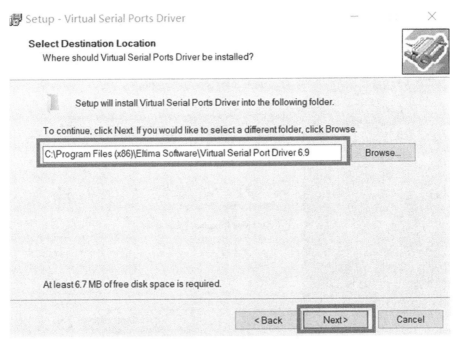

图 5.42　安装位置选择

出现下面的界面时单击 Install 按钮，如图 5.43 所示。

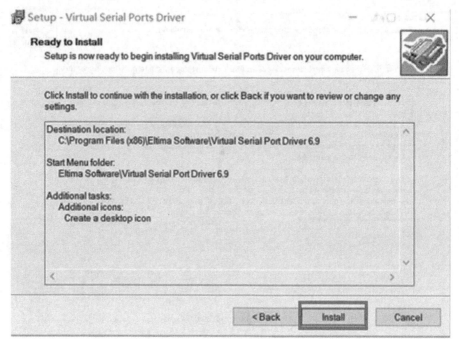

图 5.43   开始安装

然后单击 Finish 按钮，完成安装，如图 5.44 所示。

图 5.44   安装完成

安装完成后不要立刻运行，单击 OK 按钮，如图 5.45 所示。

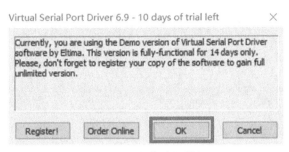

图 5.45　安装过程详解

2) 设置 VSPD

选择串行通信口 COM1 和 COM2(也可以单击右侧的下拉框来选择其他的 COM 口)，单击"添加端口"即可创建一个串口对，如图 5.46 所示。

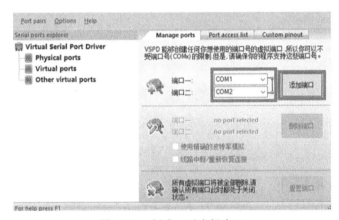

图 5.46　创建一对虚拟串口

可以发现，左侧 Virtual ports(虚拟端口) 处多了 COM1 和 COM2，如图 5.47 所示。

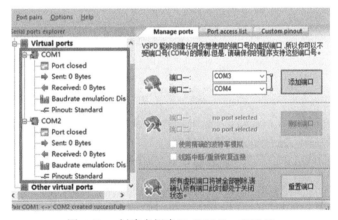

图 5.47　创建虚拟串口 COM1、COM2

这样，一对虚拟串口 (COM1、COM2) 即创建成功，也可以打开设备管理器确认是否创建成功，如图 5.48 所示。

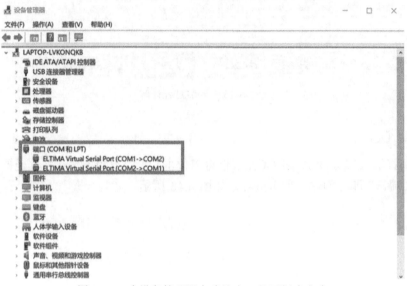

图 5.48   在设备管理器中确认串口是否创建成功

若要删除端口，则需要在程序中进行操作。在"添加端口"按钮下方有"删除端口"按钮，以 COM1、COM2 为例，选择 COM1 或 COM2 后，单击"删除端口"，如图 5.49 所示。

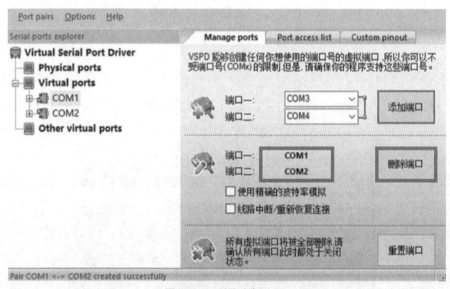

图 5.49   删除虚拟串口

出现如下对话框，单击"是 (Y)"按钮，即可删除 COM1、COM2 端口，如图 5.50 所示。

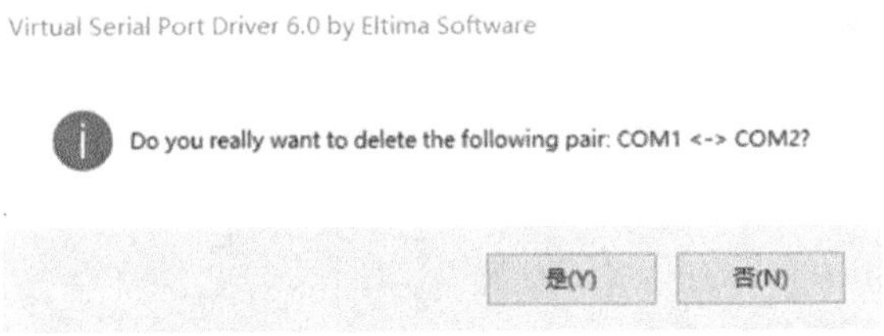

Virtual Serial Port Driver 6.0 by Eltima Software
Do you really want to delete the following pair: COM1 <-> COM2?
是(Y)
否(N)

图 5.50　删除虚拟串口确认消息框

5.5.2　串口调试助手应用

串口调试助手是用于串口调试的工具软件，通过它可以自动识别串口，设置波特率、校验位、数据位、停止位，自动发送周期等，能够以 ASCII 码或者十六进制接收/发送数据和字符，并将接收的数据保存为文本文件。

1) 安装串口调试助手

安装串口调试助手，默认安装或自定义安装均可 (这款软件比较完整灵活，一般不会出现路径问题)。

2) 使用串口调试助手

双击“串口调试助手”图标开始运行，主界面如图 5.51 所示。

串口调试助手
串口设置
串口号
波特率 9600
校验位 NONE
数据位 8
停止位 1
打开
接收设置
ASCII
HEX
发送设置
数据日志
数据发送
发送

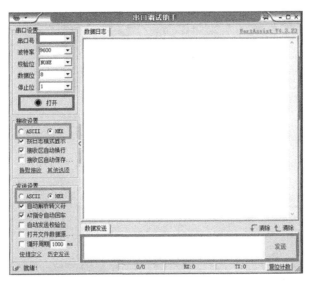

图 5.51　串口调试助手主界面

在“串口号”处输入当前模拟的串口号；设置相互通信的两个串口的波特率、校验位、数据位和停止位，确保其数值相同 (一般不改变这四处的数值，使用其默认值即可)；选择接受/发送设置的数据类型；选择“打开”；在“数据发送”处输入要发送的信息，单击“发送”按钮。

借助 VSPD 创建一组虚拟串口 COM1、COM2，如图 5.52 所示。

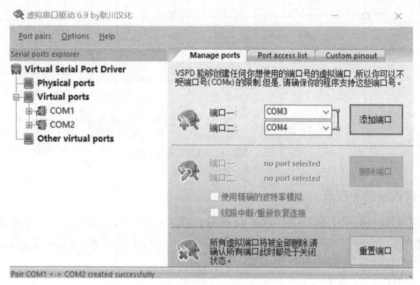

图 5.52　创建一组虚拟串口

　　打开串口调试助手，首先设置 COM1 的信息：串口号选择 "COM1"，波特率、校验位、数据位、停止位使用默认值，接收/发送的数据类型选择 "HEX"，单击 "打开" 按钮，跳转为 "关闭"，由此完成 COM1 设置，如图 5.53 所示。

图 5.53　操作串口 COM1 调试助手

　　新建另一个串口调试助手，设置 COM2 的信息：串口号选择 "COM2"，波特率、校验位、数据位、停止位使用默认值，接收/发送的数据类型选择 "HEX"，单击 "打开" 按钮，跳转为 "关闭"，由此完成 COM2 设置，如图 5.54 所示。

图 5.54　操作串口 COM2 调试助手

在 COM1 串口调试助手的 "数据发送" 栏中输入将要发送的数据 "2 4 6 8"，并单击 "发送" 按钮，观察 COM2 串口调试助手，如图 5.55 所示。

图 5.55　串口通信

5.5.3　MATLAB 环境下串口编程介绍

为了实现串口通信，第一步须创建一个串口对象，MATLAB 中提供了 serial 函数，用于创建一个串口对象，具体操作如图 5.56 所示。

object = serial('port');　%其中object为串口的一个句柄

图 5.56　创建串口对象

串口中有很多参数，如校验方式 parity、数据位 databits、停止位 stopbits 等。MATLAB 设置串口对象后，还要对它的属性进行设置，如图 5.57 所示。

```
object.InputBufferSize = 1024;          %设置输入缓冲区的大小
object.OutputBufferSize = 1024;         %设置输出缓冲区的大小
object.Timeout = 0.5;                   %设置一次写入或者读入操作完成最大时间为0.5s
object.BytesAvailableFcnMode = 'byte';          %设置读入文件的格式为二进制
object.BytesAvailableFcn = @fcntion_callback;   %设置串口执行的回调函数（这个属性比较重要）
```

图 5.57　串口对象属性设置

串口对象设置完成后，若要使用它，则需要将串口对象打开，具体操作如图 5.58 所示。

fopen(object);　% 将串口对象打开

图 5.58　打开串口对象

串口对象打开后，若要与串口进行通信，则需要给串口发送握手命令，与串口进行连接，具体操作如图 5.59 所示。

fwrite(object,......);% 握手信号根据协议或者其他信息的差异会不同

图 5.59　发送握手指令

当需要关闭工程或者停止通信时，需要将串口关闭或者清除串口对象，具体用法如图 5.60 所示。

```
fclose(object);　% 关闭串口对象
delete(object);　% 删除内存中的串口对象
```

图 5.60　关闭和删除串口对象

5.5.4　串口通信程序实例

1) 串口接收程序

编写一个由虚拟串口 COM1 接收来自串口 COM2 数据的实例，借助 VSPD 创建一组虚拟串口 COM1、COM2，如图 5.61 所示。

在 MATLAB 中编写串口 COM1 的接收程序，如图 5.62 所示。

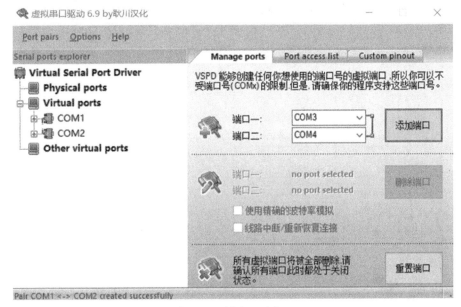

图 5.61 创建一对串口

```
%创建串口对象
s = serial('COM1');
% 配置串口属性,指定其回调函数
s.BaudRate=9600;                              %设定波特率
s.Parity='none';                             %无奇偶校验
s.DataBits=8;                                %数据位8位
s.StopBits=1;                                %停止位1位
s.InputBufferSize = 1024;                    %设置输入缓冲区的大小
s.OutputBufferSize = 1024;                   %设置输出缓冲区的大小
s.Timeout = 0.5;                             %设置一次写入或者读入操作完成最大时间为0.5s
s.BytesAvailableFcnMode = 'byte';            % 设置读入文件的格式为二进制

%打开串口对象
fopen(s);
data=fread(s,1,'uchar');                     %接收一个数据

fclose(s); % 关闭串口对象
delete(s); % 删除内存中的串口对象
```

图 5.62 串口 COM1 接收程序

打开串口调试助手,设置串口 COM2 的信息,并在"数据发送"栏内输入要发送的数据"１２３４５６",但先不要单击"发送"按钮,如图 5.63 所示。

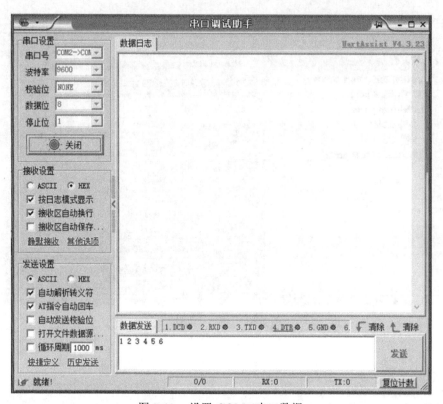

图 5.63　设置 COM2 串口数据

　　在 MATLAB 界面中单击"运行"按钮，同时打开 COM2 的串口调试助手，单击"发送"按钮，在 MATLAB 的工作区接收数据，如图 5.64 所示。

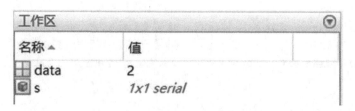

图 5.64　MATLAB 接收到的数据

　　表明经过虚拟串口 COM2 发送的数据可以被在 MATLAB 编程环境下编写的串口程序 COM1 接收。

　　2) 接收程序 GUI

　　在本实验任务中，利用"GUI 布局"界面设计串口接收程序界面，并设置定时器对程序界面进行周期性刷新，创建串口通信对象，通过串口接收回调函数实现将串口接收数据写入一个全局变量"var"中，并最终通过程序界面的编辑框显示出来。

　　(1) 在命令行输入 guide，弹出"GUIDE 快速入门"对话框，如图 5.65 所示。

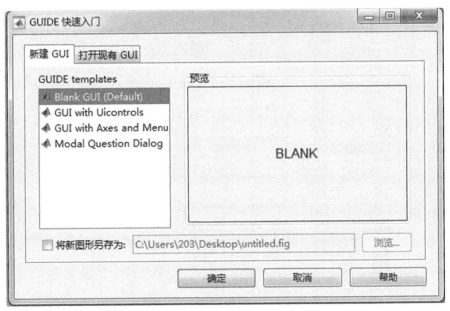

图 5.65　"GUIDE 快速入门"对话框

　　(2) 选择"将新图形另存为"复选框，更改新图形的文件名和路径，如图 5.66 所示。这里路径使用默认路径，文件名修改为"receipt.fig"。

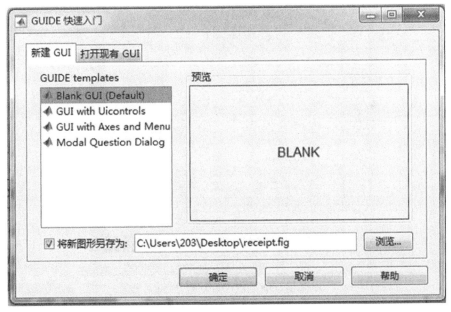

图 5.66　更改新图形的文件名和路径

　　(3) 单击"GUIDE 快速入门"对话框的"确定"按钮，生成 M 文件"receipt.m"(图 5.67)和"GUI 布局"界面 (图 5.68)。

图 5.67   GUI 的 M 文件 "receipt.m"

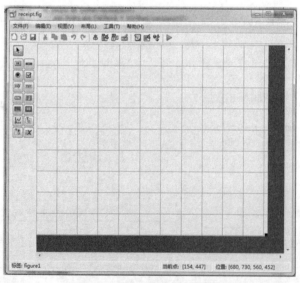

图 5.68   "GUI 布局" 界面

（4）在 "GUI 布局" 界面分别布置一个静态文本控件和一个编辑框控件，用于显示接收到的串口通信数据。

（5）首先放置一个静态文本控件，将鼠标移至静态文本控件上方，拖动该静态文本控件至合适位置，松开鼠标左键，将该静态文本控件放置下来，如图 5.69 所示。

图 5.69　静态文本控件

(6) 用鼠标调整静态文本控件的尺寸，如图 5.70 所示。

图 5.70　调整静态文本控件的尺寸

(7) 双击 "静态文本控件"，弹出 "检查器" 对话框，在 "检查器" 对话框中可以修改静态文本控件的默认属性，如图 5.71 所示。

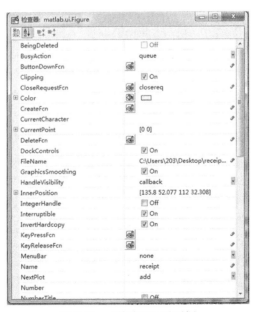

图 5.71　"检查器" 对话框

(8) 拖动"检查器"对话框右侧的滑动条，找到 string 属性，将其默认值"静态文本"修改为"数据 1"，按回车键确认修改，关闭"检查器"对话框，如图 5.72 所示。

图 5.72　修改静态文本框 string 属性

(9) 放置一个编辑框控件，如图 5.73 所示。

图 5.73　编辑框控件

(10) 调整编辑框控件的尺寸。双击"编辑框控件"，弹出"检查器"对话框，找到 string 属性，将其默认值"可编辑文本"修改为"　"，即在控件中不显示任何文字，按回车键确认修改，关闭"检查器"对话框，设计完成的 GUI 如图 5.74 所示。

(11) 在"receipt.m"文件中，找到"receipt_OpeningFcn"函数，在其中加入对全局变量 var 的申明，并初始化为 0，如图 5.75 所示。

(12) 在"receipt.m"文件的"receipt_OpeningFcn"函数中加入对全局变量"Comm1"的申明。"Comm1"为一串口通信对象，对其进行初始化，并将其打开，如图 5.76 所示。

调用 serial 函数创建串口通信对象，串口 ID 号为"COM3"。然后，对该串口通信对象的属性进行设置，通过 InputBufferSize 属性设置输入缓冲区的大小为 256Byte，通过 OutputBufferSize 属性设置输出缓冲区的大小为 256Byte，通过 Timeout 属性设置超时时间为 1s，通过 Baudrate 属性设置波特率为 9600bit/s，通过 DataBits 属性设置数据位数为 8 位，通过 StopBits 属性设置停止位数为 1 位，通过 Parity 属性设置奇偶校验为"无校验"，通过 BytesAvailableFcnMode 属性设置中断触发事件为"字节触发"，通过 BytesAvailableFcnCount 属性设置当输入缓冲区接收到一个字节数据时即触发回调函数的调用，通过 BytesAvailableFcn 属性设置串口通信接收中断的回调函数为 receiving。

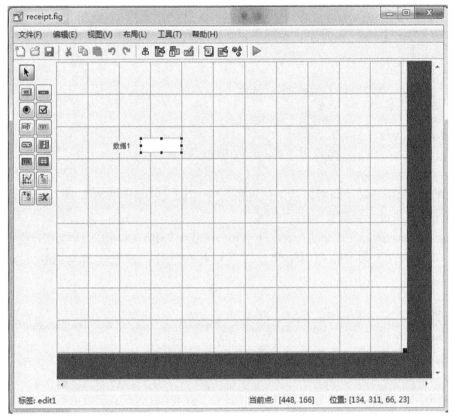

图 5.74　设计完成的 GUI

```
56 -    global var;
57 -    var = 0;
```

图 5.75　全局变量 var 的申明和初始化

```
59 -    global Comm1;
60 -    Comm1 = serial('COM3');
61 -    Comm1.InputBufferSize = 256;
62 -    Comm1.OutputBufferSize = 256;
63 -    Comm1.Timeout = 1;
64 -    Comm1.baudrate = 9600;
65 -    Comm1.DataBits = 8;
66 -    Comm1.StopBits = 1;
67 -    Comm1.Parity = 'none';
68 -    Comm1.BytesAvailableFcnMode = 'byte';
69 -    Comm1.BytesAvailableFcnCount = 1;
70 -    Comm1.BytesAvailableFcn = @receiving;
71 -    fopen(Comm1);
```

图 5.76　串口通信对象 "Comm1" 的申明和初始化

通过上述设置，串口接收数据采用中断方式，而不是查询方式，提高了 CPU 的工作效率。

(13) 在 "receipt.m" 文件中，添加串口通信接收中断的回调函数 receiving，如图 5.77 所示。

```
120      □function receiving(obj, event)
121  -    │  global var;
122  -    │  var = fread(obj, 1, 'uint8');
123  -    └  end
```

图 5.77　串口接收中断回调函数 receiving

回调函数调用 fread 函数，从串口对象 obj 中读入一个字节的数据 (类型为无符号 8 位整数)，并赋值给全局变量 var。

(14) 在 "receipt.m" 文件的 "receipt_OpeningFcn" 函数中，加入对全局变量 "Timer1" 的申明。"Timer1" 为一定时器对象，对其进行初始化，并进行启动操作，如图 5.78 所示。

```
73  -    │  global Timer1;
74  -    │  Timer1 = timer('StartDelay', 1, 'TimerFcn', {@timerFcn, handles}, 'Period', 2, 'ExecutionMode', 'fixedRate');
75  -    │  start(Timer1)
```

图 5.78　定时器对象 "Timer1" 的申明和初始化

调用 timer 函数创建 "Timer1" 定时器对象。通过 StartDelay 属性设置定时器定时延迟时间为 1s，通过 TimerFcn 属性设置定时器回调函数为 timerFcn，并将界面句柄 handles 作为额外的参数传送给该回调函数，通过 Period 属性将定时周期设置为 2s，通过 ExecutionMode 属性设置定时器执行模式为固定速率模式。最后，调用 start 函数启动定时器，如图 5.78 所示。

(15) 在 "receipt.m" 文件中添加定时器回调函数 timerFcn，如图 5.79 所示。

```
125      □function timerFcn(hObject, eventdata, handles)
126  -    │  global var;
127  -    │  set(handles.edit1, 'string', num2str(var));
128  -    └  end
```

图 5.79　定时器回调函数 timerFcn

回调函数根据全局变量 var 的值，刷新程序界面编辑框控件的显示。调用 "num2str" 函数将 var 的值变为字符串类型，再调用 set 函数将此字符串写入编辑框控件。

(16) 右击 "GUI 布局" 界面，在弹出的菜单中单击 "查看回调"，再单击 DeleteFcn 菜单项，如图 5.80 所示。

图 5.80　查看关闭 GUI 回调函数

(17) 在 "receipt.m" 文件中，编辑关闭 GUI 回调函数，该函数是 "window_DeleteFcn"
函数，函数名称前面的 window 是界面的标记 (tag)，如图 5.81 所示。

```
130      % --- Executes during object deletion, before destroying properties.
131    ⊟function window_DeleteFcn(hObject, eventdata, handles)
132    ⊟% hObject      handle to window (see GCBO)
133     % eventdata  reserved - to be defined in a future version of MATLAB
134     % handles     structure with handles and user data (see GUIDATA)
135 -    global Comm1;
136
137 -    fclose(Comm1);
138 -    delete(Comm1);
139 -    end
```

图 5.81　关闭 GUI 回调函数代码

在该回调函数中，调用 fclose 函数关闭串口，并调用 delete 函数删除串口通信对象
"Comm1"。

3) 完整实例

编写串口发送程序，程序发送从 1 到 20 共计 20 个数字，每个数字的发送时间间隔为
1s。编写串口接收程序，要求在界面显示由发送程序发过来的数字，每 1s 更新一次界面，
接收数据采用接收中断回调函数方式。通信协议为：8 位数据位，1 位停止位，无奇偶校验
位，波特率为 9600bit/s。

串口发送程序参见附录 5 中程序 1。串口接收程序参见附录 5 中程序 2~ 程序 9。

5.6　小　　结

本章主要介绍了航空发动机数字电子控制器的基本组成，分析了热电偶温度传感器、磁电式转速传感器的工作原理和信号调理电路设计方法，介绍了 Multisim 软件及其安装过程，并基于 Multisim 给出了热电偶传感器和转速传感器信号调理电路的设计和仿真实例。本章还介绍了 RS-232C 串口通信总线，阐述了 VSPD 虚拟串口软件的安装和使用方法，以及串口调试助手的使用方法，并基于 MATLAB 给出了串口通信程序及 GUI 程序的设计实例。

习　　题

5-1　设测量温度范围为 0~800℃，温度传感器选用 K 型热电偶，使用 Multisim 设计一个热电偶信号调理电路，将热电偶信号放大为 0~5V 的电压信号，并进行仿真验证。

5-2　对图 5.21 所示的转速信号调理电路的放大电路进行重新设计，第一级放大倍数调整为 10，第二级放大倍数调整为 5，在 Multisim 中绘制原理图；针对信号源频率为 1kHz、幅值为 0.2V 及频率为 10kHz、幅值为 0.5V 两种情况进行仿真，给出信号源输出电压、第一级放大电路输出电压及第二级放大电路输出电压的仿真曲线。

5-3　编写串口发送程序，无 GUI，程序发送从 a~j 共计 10 个小写字母，每个数字的发送时间间隔为 0.5s。编写串口接收程序，有 GUI，要求在界面显示由发送程序发过来的字符串，每 0.5s 更新一次界面，接收数据采用接收中断回调函数方式。通信协议为：8 位数据位，1 位停止位，1 位奇校验位，波特率为 19200bit/s。

第6章 航空发动机控制系统HIL仿真实践

航空发动机电子控制系统由复杂的软硬件构成,在研发过程中遵循图 1.3 所示的系统工程的 V 型方法,即从顶层到底层的设计分解和从底层到顶层的逐级综合与试验验证。其中,数字电子控制器和控制软件的综合与试验验证是第一步,也称为硬件在环仿真。HIL 仿真使发动机数字电子控制器 (软件、硬件) 在等同于试车和试飞的虚拟环境中进行测试,从而大大降低研制的成本和风险。HIL 仿真不仅可以仿真发动机正常工作情况,还可以仿真发动机超温、超转等非正常工作情况,对数字电子控制器的软件和硬件的共同工作进行全方位的仿真测试与验证。

6.1 航空发动机 HIL 仿真系统组成

航空发动机 HIL 仿真系统主要由控制模块、仿真模块和监视模块构成,如图 6.1 所

图 6.1 航空发动机 HIL 仿真系统

示。控制模块包含发动机数字电子控制器 (electronic engine controller，EEC)，是航空发动机 HIL 仿真系统的核心。控制算法通过上位机下载到 EEC 中，并实时运行。仿真模块由发动机模型计算机、执行机构模型计算机、PXI 工控机、信号调理装置、系统资源适配器等构成，是平台的重要组成部分，主要用于模拟发动机整个飞行包线内的工作状态，将发动机模型、执行机构模型计算的数字量信号在电气级上模拟为传感器的测量信号和执行机构的驱动信号，可以对进入和离开控制器的信号进行故障注入。另外，仿真模块主要还具有信号采集、显示等功能。监视模块包括主控计算机和综合测控计算机，用于监控模型和控制器的输入，并记录发动机的当前工作参数、控制器的输入输出参数等。

航空发动机 HIL 仿真系统仿真原理如图 6.2 所示。在发动机模型计算机中运行发动机非线性部件级模型，在执行机构模型计算机中运行执行机构数学模型，模型输出信号传输给 PXI 工控机，它将发动机转速、各截面温度、压力参数传递给信号调理装置，将其

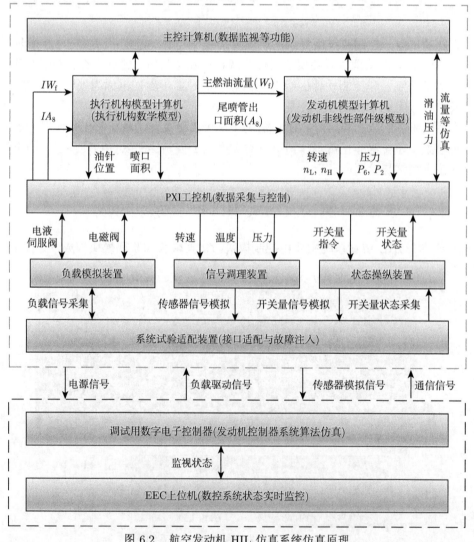

图 6.2　航空发动机 HIL 仿真系统仿真原理

模拟为传感器电气信号,油针位置和喷口面积等执行机构输出信号传递给负载模拟装置,将其模拟为执行机构驱动电信号,通过系统试验适配装置传输给调试用数字电子控制器,由调试用数字电子控制器采集发动机状态信号和执行机构信号。调试用数字电子控制器根据输入信号和控制计划完成控制量计算后,将控制量传输给系统试验适配装置,根据信号特性输出给信号调理装置和状态操纵装置,由它们模拟不同类型 (模拟量、开关量等) 的控制量,并传输给 PXI 工控机,由 PXI 工控机收集信号后传输给执行机构模型计算机,执行机构模型计算机的输出传输给发动机模型计算机,从而构成发动机闭环控制系统。

6.2　发动机转速 PID 控制系统 HIL 仿真的 Simulink 实现

运行在 HIL 仿真系统中的控制代码可以采用 MATLAB/Simulink、C 或者 C++ 语言开发。MATLAB/Simulink 仿真功能强,用户交互友好,支持面向 EEC 硬件环节的自动代码生成,因此 HIL 仿真研究时,首先基于 Simulink 开发控制算法,并完成充分全数字仿真验证;其次,通过自动代码生成控制器支持的应用软件代码,通常是 C 或 C++ 代码;最后,通过编译将 C 或 C++ 代码转换成控制器能够执行的二进制代码,通过 HIL 平台中配套软件下载至 EEC 中运行,开展 HIL 仿真。

设发动机转速系统和执行机构的传递函数分别为式 (4.33) 和式 (4.34)。参考 4.3.4 节中 Simulink 仿真模型建立方法,在 MATLAB/Simulink 中建立图 6.3 所示的仿真文件 "HILSim.slx"。单击图 6.4 所示菜单 Simulation 中的 Model Configuration Parameters,得到图 6.5 所示的仿真参数配置对话框。

设置仿真的开始时间为 0.0s,结束时间为 10.0s,如图 6.5 所示。HIL 仿真系统中 EEC 的控制周期为 25ms,因此仿真步长类型选为固定步长 "Fixed-step",步长大小设置为 0.025s,仿真方法采用四阶龙格-库塔法。至此,完成仿真参数配置。

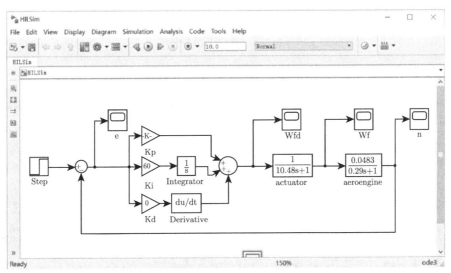

图 6.3　发动机转速 PID 控制 Simulink 文件

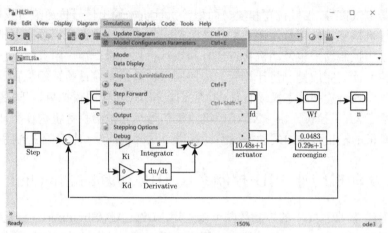

图 6.4　仿真中参数配置

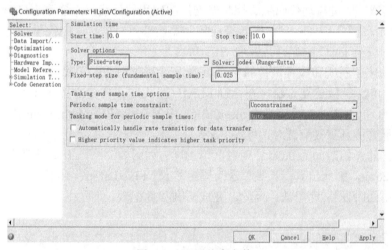

图 6.5　配置仿真参数

采用试凑法整定 PID 控制器参数，整定步骤为：

(1) 令 $K_i = K_d = 0$，由 0 逐渐增大 K_p，单击 "运行" 按钮 (图 6.6)，仿真控制系统。当转速 n 的响应曲线如图 6.7 所示，即系统响应速度较快时，存在稳态误差，接近目标值 1，记录此刻的 K_p。

(2) 保持 K_p，由 0 逐渐增大 K_i，当转速的稳态误差如图 6.8 所示快速衰减到 0 时，记录 K_i。

(3) 保持 K_p 和 K_i，由 0 逐渐增大 K_d，当转速超调量为 0(图 6.9) 时，记录 K_d。

(4) 通过设置上述参数，在保证无稳态误差和无超调基础上，微调 K_p、K_i 和 K_d，进一步使系统响应速度更快。

按照上述步骤 (1)~(4)，最终整定获得控制器参数 $K_p = 1000$，$K_i = 60$，$K_d = 250$。控制系统转速 n 和误差 e 的控制结果如图 6.10 所示。由图可知，系统无稳态误差和超调，响应速度快。

图 6.6　运行 "HILSim.slx"

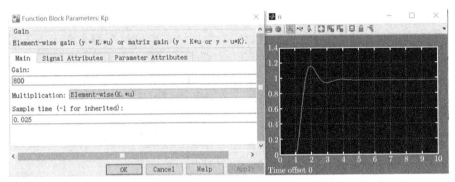

图 6.7　$K_p = 800$，$K_i = K_d = 0$ 的控制结果

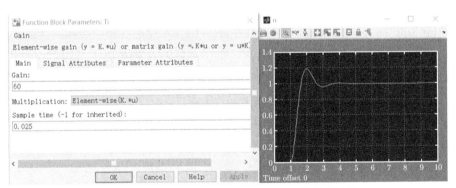

图 6.8　$K_p = 800$，$K_i = 60$，$K_d = 0$ 的控制结果

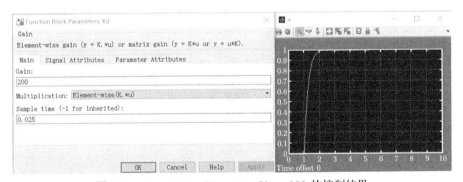

图 6.9　$K_p = 800$，$K_i = 60$，$K_d = 200$ 的控制结果

　　通过上述仿真，获得满足控制性能要求的 PID 参数。对于 HIL 仿真系统，在 EEC 中运行 PID 控制器，在发动机非线性部件级模型计算机中运行发动机模型，在执行机构模型

计算机中运行执行机构数学模型,因此在自动代码生成时,需要分别对 PID 控制器、发动机模型和执行机构模型生成 C 语言代码。在此,以 PID 控制器为例,简要介绍 C 语言代码自动生成的一般过程。

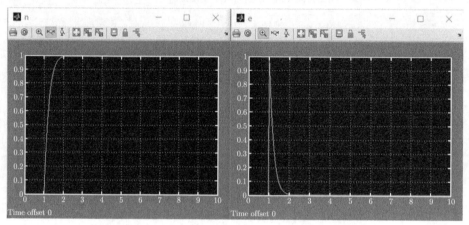

图 6.10 $K_p = 1000$,$K_i = 60$,$K_d = 250$ 的控制结果

在 Simulink 中,建立 PID 控制器 (图 6.11)。仿真参数配置和控制器参数选取与图 6.5 和图 6.10 相同。建立文件时应注意,输入、输出参数的设置应该与 "HILSim.slx" 文件中输入、输出参数的设置一致,保证在 HIL 仿真时,控制与执行机构计算机之间信号能够正确传输。

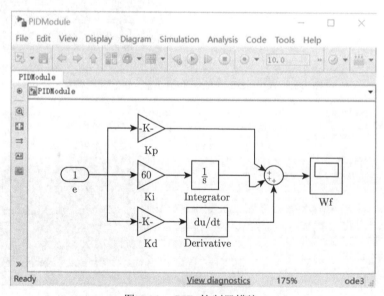

图 6.11   PID 控制器模块

在自动生成 C 代码之前,关键在于代码生成规则设置,依次单击 Simulation 及其下的 Model Configuration Parameters,进入参数配置对话框 (图 6.12)。自动代码生成的参

数配置主要在目录 Solver、Optimization、Diagnostics 和 Code Generation 中。自动代码
具体设置过程如下。

(1) 按照图 6.5 配置仿真参数。

(2) 单击 Optimization 中的 Signals and Parameters。图 6.12 给出了系统默认设置。
在此需要说明的是，Inline parameters 选项表示将可调参数用 Gain 模块转换成常数，以节
省存储空间，提高代码的实时性。本例主要是调试代码的正确性，因此选择默认状态，即
不勾选。若针对嵌入式处理器生成代码，可勾选该选项，以优化代码，提高运行的实时性。

图 6.12　优化设置

(3) 单击 Diagnostics 中的 Hardware Implementation，设置代码运行的硬件环境 (图
6.13)。Device vendor 项用于选择设备生产商，单击下拉菜单，会出现 AMD、ARM Com-
patible 和 Intel 等生产商选项，默认为 Intel。本例中未指定硬件生产商，因此选择 Generic。
Device type 项用于选择硬件类型，单击下拉菜单，会出现 "16-bit Embedded Processor""32-
bit Embedded Processor" 等处理器型号选型，默认值为 "64-bit Embedded Processor"。本
例未指定硬件，所以选择 "Unspecified(assume 32-bit Generic)"。面向实际应用，应该根据
处理器型号选择这两个参数，以保证生成代码运行的正确性。

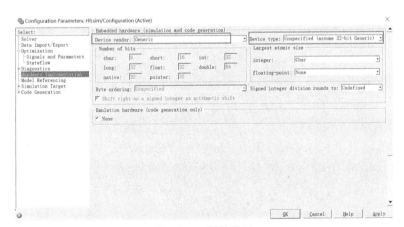

图 6.13　硬件设置

(4) 单击 Code Generation，单击 System target file 右侧的 Browse 按钮，可以选择系统提供的系统模板文件 (图 6.14)，在此选择 "grt.tlc"。在以 "grt.tlc" 为系统模板文件完成代码生成和代码正确性验证后，可以采用 "ert.tlc"(图 6.15) 针对处理器的具体型号对代码进行优化。图 6.14 中其他选项均采用默认值。

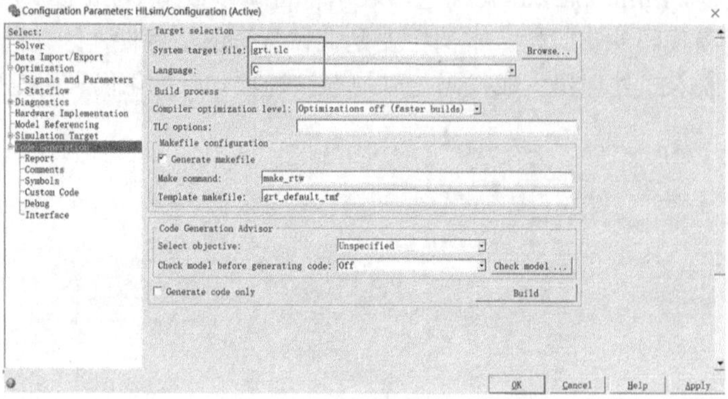

图 6.14　系统模板文件设置

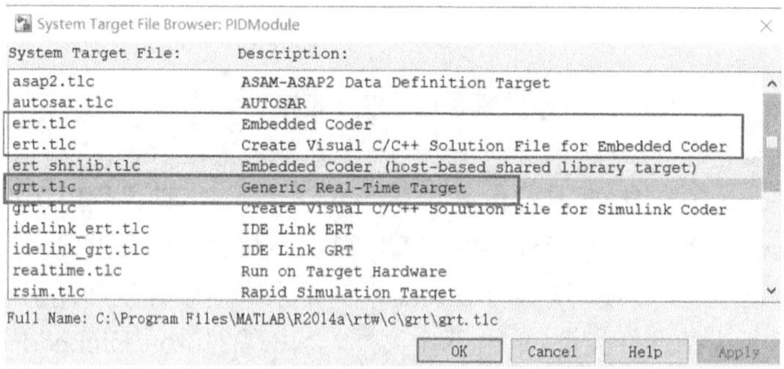

图 6.15　系统模板文件选择

(5) Report 项主要用于设置代码生成报告，图 6.16 中的设置表示生成代码生成报告和完成代码生成后自动打开报告。

图 6.16　代码生成报告设置

(6) Comments 项用于设置注释要求，图 6.17 中的设置表示生成的 C 代码文件中自动生成 Simulink block 或者 Stateflow 等对象的注释，此处选择默认值。

图 6.17　自动生成注释设置

(7) Symbols 项用于设置系统目标文件中代码生成变量等定义规则，在此选择默认值 (图 6.18)。

图 6.18　变量定义规则

(8) Custom Code 项用于设置用户自定义或者编译时需要的源文件、头文件等，本例中选择默认值 (图 6.19)。

(9) Debug 项用于设置编译过程，Verbose build 表示显示代码生成过程。Start TLC debugger when generating code 表示代码生成过程中启动目标语言编译器调试，在此选择图示中默认设置 (图 6.20)。

(10) Interface 项用于设置语言接口，包括软件环境、代码接口等。由于 Code Generation(图 6.14) 中 Language 设置为 C，此处 Standard math library 默认为 "C89/C90 (ANSI)"，表示指定代码生成中调用的标准数学库为 "ISO/IEC 9899:1990 standard math library"；Code interface packaging 默认为 Nonreusable function，表示生成非重用代码，即模型中数据结构均为静态分配和访问。本例中接口参数均采用默认值 (图 6.21)。

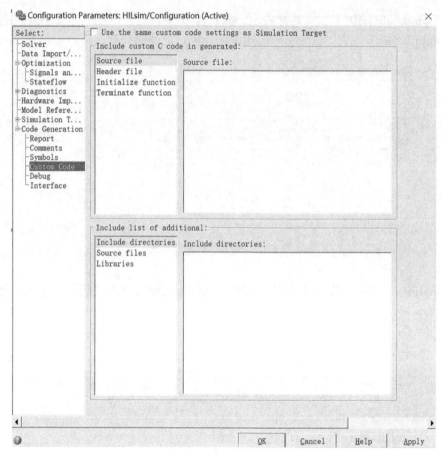

图 6.19   用户自定义文件设置

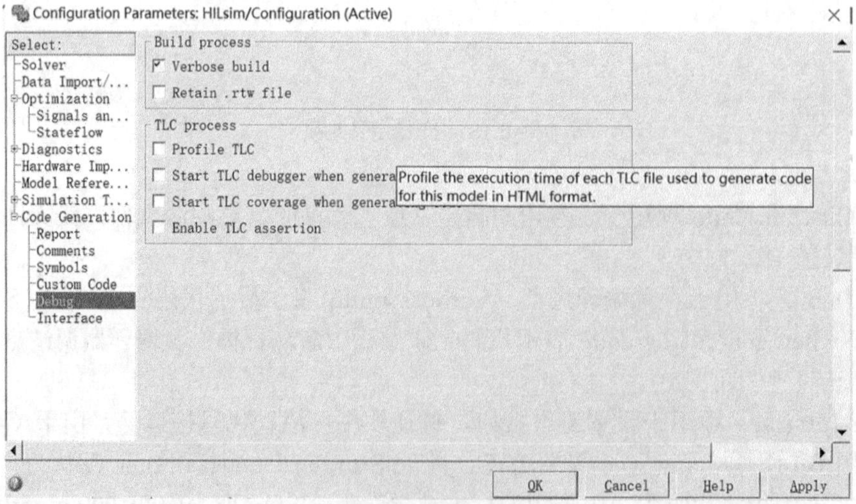

图 6.20   编译设置

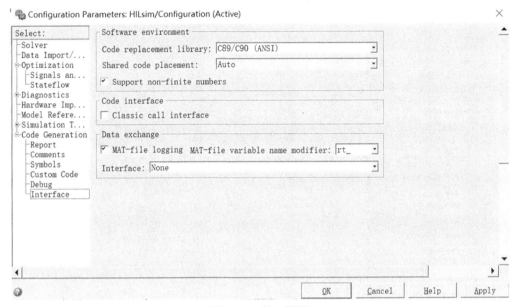

图 6.21　接口设置

　　至此，已完成自动代码生成中参数配置。接下来，在 "PIDModule.slx" 文件中依次单击 Code、"C/C++Code" 和 Build Model(图 6.22)，执行自动代码生成。代码自动生成完成后，将会自动打开 Code Generation Report 文件 (图 6.23)。报告中，给出了生成的 c 文件 "PIDModule.c" 和头文件 "PIDModule.h"(图 6.24)。单击 "PIDModule.c" 可以看到 c 文件的内容。同时，这两个文件在 "PIDModule.slx" 文件路径下的 "PIDModule_grt_rtw" 文件夹中 (图 6.25)，也可以通过访问该文件夹查看自动代码生成的文件。

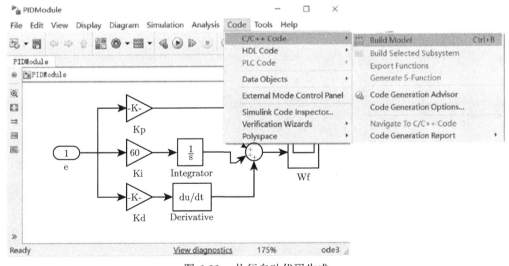

图 6.22　执行自动代码生成

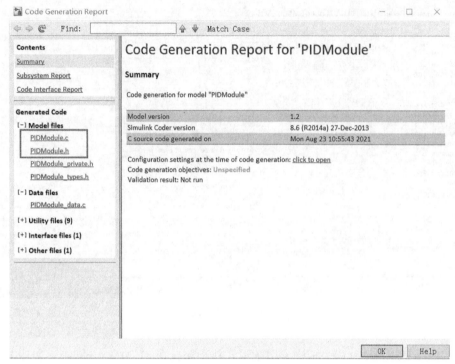

图 6.23　代码生成报告

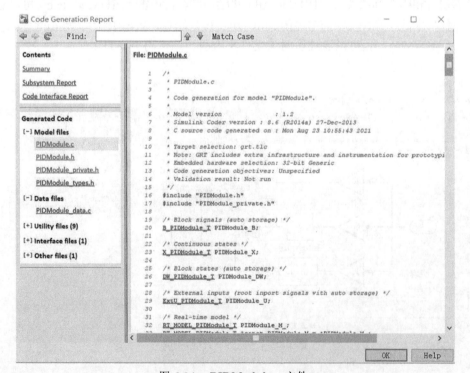

图 6.24　PIDModule.c 文件

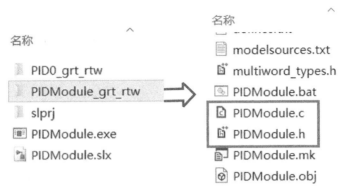

图 6.25　自动代码生成文件位置

接下来，可以根据处理器类型，按照图 6.14 和图 6.15 中的说明，选择 "ert.elc"，进一步配置自动代码生成中的各参数，优化代码使得它们更适用于嵌入式处理器的运行。完成基于系统目标文件 "ert.elc" 的 "PIDModule.c" 和 "PIDModule.h" 文件。关于自动代码生成中参数配置的介绍，可以在 MathWorks 网站中的 "支持" 中搜索相关参数获取帮助说明（图 6.26）。

最后，采用与处理器类型匹配的 C 语言编译器，将生成的控制器 C 代码编译生成二进制的 ".bin" 文件，通过处理器的开发平台下载到控制器硬件中运行，为 HIL 仿真做好准备。

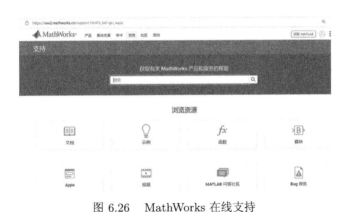

图 6.26　MathWorks 在线支持

6.3　小　　结

本节主要介绍了航空发动机 HIL 仿真系统的结构组成和功能，结合发动机转速 PID 控制系统简要介绍了 HIL 仿真的实现过程，重点说明了转速 PID 控制系统的 Simulink 模型建模过程、PID 参数整定过程、PID 控制器 Simulink 模型建模过程。结合 PID 控制器的 Simulink 模型，介绍了 PID 控制器的 C 语言自动代码生成过程，包括仿真参数设置、硬件参数选择与配置、自动代码生成参数配置等。

本章给出了 HIL 仿真的一般性过程和相关准备工作内容。一方面，基于 Simulink 的控制系统模型构建、控制器参数设计体现了控制系统设计的便捷性；另一方面，不同的 HIL 仿真系统硬件环境和软件开发环境不同，因此基于 Simulink 的 HIL 仿真软件设计不尽相同，具体应用中可参考本章内容，针对不同处理器类型开展相应的 HIL 仿真软件设计。

习　　题

6-1　简述航空发动机 HIL 仿真系统的组成和功能。

6-2　已知某发动机转速 PID 控制系统如题图 6.1 所示。图中，发动机传递函数为 $G_e(s) = \dfrac{0.05}{0.3s+1}$，电动燃油泵的传递函数为 $G_a(s) = \dfrac{1}{0.01s+1}$，PID 控制器参数比例系数为 K_p，积分时间常数为 T_i，微分时间常数为 T_d，系统输入为单位阶跃信号 $n_r = 1(t)$，采样周期为 $T_s = 0.025\,\mathrm{s}$。

(1) 建立该系统 Simulink 仿真模型；

(2) 整定 PID 控制器参数 K_p、T_i 和 T_d，满足系统输出 $n_e(t)$ 的超调量为 0，调节时间 $t_s \leqslant 0.1\mathrm{s}$；

(3) 采用 Simulink 自动生成题图 6.1 中 PID 控制器的 C 语言代码文件。

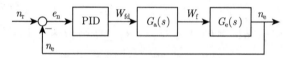

题图 6.1　某发动机转速 PID 控制系统

主要参考文献

常华, 袁钢, 常敏嘉. 2006. 仿真软件教程——Multisim 和 MATLAB[M]. 北京: 清华大学出版社.

邓红涛, 李伟, 李传峰, 等. 2011. MATLAB 数据通信与测控应用编程实践 [M]. 北京: 电子工业出版社.

樊思齐. 2008. 航空发动机控制 [M]. 西安: 西北工业大学出版社.

胡包钢, 赵星, 康孟珍. 2003. 科学计算自由软件: SCILAB 教程 [M]. 北京: 清华大学出版社.

胡骏. 2014. 航空叶片机原理 [M]. 2 版. 北京: 国防工业出版社.

胡寿松. 2019. 自动控制原理 [M]. 7 版. 北京: 科学出版社.

胡向东. 2021. 传感器与检测技术 [M]. 4 版. 北京: 机械工业出版社.

黄金泉, 张天宏, 叶志锋, 等. 2018. 现代航空动力装置控制 [M]. 3 版. 北京: 航空工业出版社.

黄向华, 潘慕绚. 2018. 航空动力控制系统仿真与实践 [M]. 北京: 科学出版社.

劳五一. 2021. 电路分析实用教程: 使用 Multisim 仿真与描述 [M]. 北京: 清华大学出版社.

廉筱纯, 吴虎. 2005. 航空发动机原理 [M]. 西安: 西北工业大学出版社.

骆广琦, 桑增产, 王如根, 等. 2007. 航空燃气涡轮发动机数值仿真 [M]. 北京: 国防工业出版社.

马宏兴, 盛洪江, 祝玲. 2020. 电子设计技术——Multisim 14.0 & Ultiboard 14.0[M]. 北京: 北京邮电大学出版社.

马维华. 2016. 微机原理与接口技术 [M]. 3 版. 北京: 科学出版社.

孙健国, 李秋红, 杨刚, 等. 2014. 航空燃气涡轮发动机控制 [M]. 上海: 上海交通大学出版社.

童凯生. 1991. 航空涡轮发动机性能变比热计算方法 [M]. 北京: 航空工业出版社.

王琴芳. 1999. 航空燃气涡轮发动机原理 [M]. 南京: 南京航空航天大学出版社.

吴宁, 马旭东, 张颖, 等. 2019. 微型计算机原理及应用 [M]. 4 版. 北京: 中国工信出版集团.

夏飞. 2007. 基于 MATLAB/SIMULINK 的航空发动机建模与仿真研究 [D]. 南京: 南京航空航天大学.

严刚峰. 2022. MATLAB/Simulink 控制系统仿真及应用 (微课视频版)[M]. 北京: 清华大学出版社.

姚华. 2014. 航空发动机全权限数字电子控制系统 [M]. 北京: 航空工业出版社.

姚华, 张天宏. 2017. 航空发动机控制系统设计技术 [M]. 北京: 科学出版社.

余成波. 2009. 传感器与自动检测技术 [M]. 2 版. 北京: 高等教育出版社.

张洪润, 邓洪敏, 郭竞谦. 2021. 传感器原理及应用 [M]. 2 版. 北京: 清华大学出版社.

张晓江, 黄云志. 2021. 自动控制系统计算机仿真 [M]. 2 版. 北京: 机械工业出版社.

赵连春, 杰克·马丁利. 2012. 飞机发动机控制——设计、系统分析和健康监视 [M]. 张新国, 等译. 北京: 航空工业出版社.

赵全利, 王霞, 李会萍. 2022. Multisim 电路设计与仿真: 基于 Multisim14.0 平台 [M]. 北京: 机械工业出版社.

郑阿奇, 丁有和, 郑进, 等. 2020. Visual C++ 实用教程 (Visual Studio 版)[M]. 6 版. 北京: 电子工业出版社.

周文祥. 2006. 航空发动机及控制系统建模与面向对象的仿真研究 [D]. 南京: 南京航空航天大学.

CAD/CAM/CAE 技术联盟. 2021. MATLAB 中文版从入门到精通 [M]. 北京: 清华大学出版社.

Flack R D. 2005. Fundamentals of Jet Propulsion with Applications[M]. Cambridge: Cambridge University Press.

Korn G A, Wait J V. 1978. Digital Continuous-System Simulation[M]. New Jersey: Prentice Hall.

Kurzke J, Halliwell I. 2018. Propulsion and Power[M]. Berlin: Springer.

附　录

附录 1　压气机特性图数据及存放规则

以第 2 章涡喷发动机压气机特性图为例,介绍压气机特性图数据及存放规则,压气机特性包含在 Map 文件夹下的 "CompMap.txt" 文件中,主要有以下内容。

1) 表示数据容量参数

在 "CompMap.txt" 文件第一行中写入表示数据容量的参数,如 "10　　20　　2",其中 "10" 表示压气机特性图由 10 条换算转速线组成,"20" 表示每条换算转速线上有 20 个数据点,"2" 表示有 2 组特性图数据,分别代表流量和效率。

2) 压气机换算转速

在 "CompMap.txt" 文件第二行中写入表示压气机换算转速的参数,如 "0.5　　0.6　0.7　0.75　0.8　0.85　0.9　0.95　1　1.05" 从小到大排列的 10 个数据,代表压气机 10 条换算转速线的数值。

3) 特性图压比

第三部分数据代表压气机特性图中的压比数据,共包括 10 行数据,每一行数据代表一条压气机换算转速线上的压比数据,如附表 1.1 所示。

附表 1.1　压气机特性图压比数据

转速	压比						
0.5	1.9114	1.9968	2.0754	2.1504	2.2212	2.2876	2.3471
0.6	2.4521	2.575	2.6934	2.7992	2.8984	2.9878	3.0697
0.7	3.3427	3.5242	3.6859	3.8395	3.9865	4.1183	4.2378
0.75	3.9762	4.1822	4.3847	4.5724	4.7503	4.9186	5.0719
0.8	4.7921	5.0325	5.2555	5.474	5.6832	5.8787	6.0649
0.85	5.5874	5.8533	6.1176	6.3802	6.6387	6.8845	7.1307
0.9	6.3671	6.6738	6.9759	7.277	7.577	7.8711	8.1697
0.95	7.1984	7.5381	7.8772	8.2132	8.5484	8.8802	9.2108
1	7.9654	8.3391	8.7113	9.0817	9.4517	9.8198	10.1874
1.05	8.5284	8.9201	9.3099	9.6997	10.0891	10.4786	10.8673

续表

转速	压比						
0.5	2.4037	2.455	2.4997	2.5385	2.5734	2.6022	2.6288
0.6	3.142	3.2116	3.2726	3.3249	3.3725	3.411	3.443
0.7	4.3444	4.4372	4.5156	4.5836	4.643	4.6871	4.717
0.75	5.2088	5.33	5.4349	5.5226	5.5982	5.6553	5.6914
0.8	6.2386	6.402	6.5515	6.6898	6.8035	6.9045	6.9726
0.85	7.3677	7.5905	7.8042	8.0023	8.19	8.3481	8.4942
0.9	8.4585	8.742	9.0238	9.3061	9.5726	9.8316	10.0724
0.95	9.5346	9.8585	10.1774	10.4919	10.8018	11.1006	11.3907
1	10.5545	10.9195	11.2839	11.6442	12.0018	12.353	12.6973
1.05	11.256	11.6445	12.0317	12.4182	12.8046	13.1895	13.5742

转速	压比						
0.5	2.6459	2.6601	2.6698	2.676	2.6803	2.6815	—
0.6	3.4644	3.4789	3.4881	3.4921	3.486	3.4745	—
0.7	4.7385	4.7516	4.7456	4.7325	4.7135	4.6978	—
0.75	5.7057	5.705	5.6901	5.6693	5.6368	5.603	—
0.8	7.0063	7.0112	6.9938	6.9317	6.8459	6.7716	—
0.85	8.6018	8.6891	8.7351	8.6973	8.5941	8.4451	—
0.9	10.2674	10.4249	10.5139	10.531	10.5083	10.405	—
0.95	11.6653	11.9234	12.1335	12.3104	12.4671	12.5807	—
1	13.0284	13.3455	13.6299	13.8862	14.1365	14.37	—
1.05	13.9582	14.3411	14.7227	15.1039	15.4835	15.8618	—

4) 特性图流量

第四部分数据代表压气机特性图中的流量数据，共包括 10 行数据，每一行数据代表一条压气机换算转速线上的流量数据，如附表 1.2 所示。

附表 1.2　压气机特性图流量数据

转速	压气机流量/(kg/s)						
0.5	9.8413	9.6949	9.5281	9.3596	9.1867	9.0086	8.8153
0.6	12.7602	12.6617	12.5528	12.3981	12.2293	12.0342	11.825
0.7	16.8454	16.8138	16.7083	16.5817	16.4411	16.2583	16.0473
0.75	19.389	19.3415	19.2853	19.1833	19.0568	18.9085	18.7245
0.8	22.358	22.3105	22.2112	22.1049	21.9783	21.8201	21.6461
0.85	24.9996	24.9339	24.8682	24.8024	24.7293	24.6271	24.5324
0.9	27.4012	27.3696	27.3274	27.2852	27.243	27.1889	27.1488
0.95	29.7963	29.7717	29.7471	29.7163	29.6856	29.6487	29.6114
1	31.8802	31.8732	31.8627	31.8486	31.8345	31.817	31.7994
1.05	33.344	33.3326	33.3176	33.3036	33.2895	33.2763	33.2622

转速	压气机流量/(kg/s)						
0.5	8.6252	8.428	8.2196	8.0032	7.7869	7.5631	7.346
0.6	11.5951	11.3715	11.1324	10.8793	10.6262	10.359	10.0865
0.7	15.8083	15.5411	15.2458	14.9364	14.6193	14.2754	13.9098
0.75	18.5031	18.2499	17.9652	17.6487	17.3165	16.9526	16.5517
0.8	21.4484	21.2347	20.9974	20.7443	20.4437	20.1273	19.7476
0.85	24.4199	24.2793	24.1246	23.9418	23.7449	23.4918	23.2246
0.9	27.0881	27.0186	26.949	26.8844	26.7895	26.6841	26.5469
0.95	29.5607	29.5133	29.4579	29.3964	29.3287	29.2426	29.1442
1	31.7818	31.7607	31.7396	31.7115	31.6798	31.6377	31.5849
1.05	33.2491	33.2361	33.2213	33.206	33.1912	33.1744	33.158

续表

转速	压气机流量/(kg/s)						
0.5	7.1096	6.8776	6.6446	6.4135	6.1894	5.9679	—
0.6	9.7965	9.5011	9.2058	8.9105	8.6011	8.2917	—
0.7	13.5389	13.1638	12.7553	12.3467	11.941	11.5613	—
0.75	16.1141	15.6585	15.1875	14.7219	14.2473	13.7885	—
0.8	19.3046	18.8142	18.2927	17.6909	17.0581	16.4727	—
0.85	22.8871	22.5215	22.0855	21.4949	20.7918	20.0183	—
0.9	26.3255	26.0407	25.6368	25.1125	24.5324	23.8223	—
0.95	29.0211	28.8734	28.6458	28.3689	28.0679	27.7045	—
1	31.5111	31.4162	31.2698	31.0822	30.8923	30.6828	—
1.05	33.1414	33.1234	33.1042	33.0852	33.0645	33.0425	—

5) 特性图效率

第五部分数据代表压气机特性图中的效率数据，共包括 10 行数据，每一行数据代表一条压气机换算转速线上的效率数据，如附表 1.3 所示。

附表 1.3　压气机特性图效率数据

转速	压气机效率						
0.5	0.646	0.6633	0.674	0.6813	0.6867	0.6907	0.6931
0.6	0.6624	0.6827	0.702	0.7166	0.7282	0.7352	0.7391
0.7	0.7148	0.7384	0.7563	0.7702	0.7815	0.789	0.7922
0.75	0.7496	0.7679	0.7833	0.7944	0.8038	0.8102	0.814
0.8	0.7859	0.7999	0.8111	0.8193	0.8253	0.8302	0.8339
0.85	0.8081	0.8158	0.822	0.8279	0.8336	0.838	0.8424
0.9	0.8098	0.8198	0.8285	0.8349	0.84	0.8446	0.8486
0.95	0.8069	0.8171	0.8254	0.8328	0.8388	0.8443	0.8486
1	0.7899	0.8031	0.8142	0.8236	0.831	0.8378	0.8426
1.05	0.7664	0.7736	0.7816	0.7882	0.7955	0.8017	0.8072

转速	压气机效率						
0.5	0.6945	0.6954	0.6956	0.6949	0.6932	0.6898	0.6855
0.6	0.7409	0.7406	0.7396	0.7369	0.7327	0.728	0.7218
0.7	0.7941	0.7937	0.791	0.7875	0.7822	0.7759	0.768
0.75	0.8159	0.8164	0.8154	0.8135	0.8105	0.806	0.7996
0.8	0.8363	0.8379	0.8383	0.8377	0.8361	0.8329	0.8272
0.85	0.8461	0.8485	0.8496	0.8497	0.849	0.847	0.8442
0.9	0.8517	0.8539	0.8556	0.8562	0.8556	0.8544	0.8526
0.95	0.8519	0.8545	0.8559	0.8563	0.856	0.8548	0.8529
1	0.8457	0.8482	0.8493	0.85	0.85	0.8497	0.8487
1.05	0.8126	0.817	0.8209	0.8246	0.8278	0.8307	0.8329

转速	压气机效率						
0.5	0.6791	0.6727	0.6657	0.6589	0.6524	0.6461	—
0.6	0.7146	0.7065	0.6978	0.6889	0.6786	0.6693	—
0.7	0.7594	0.7506	0.7397	0.7281	0.7166	0.7069	—
0.75	0.7914	0.7818	0.7706	0.7595	0.7471	0.7347	—
0.8	0.8187	0.8087	0.7971	0.7839	0.7706	0.758	—
0.85	0.84	0.8351	0.8281	0.818	0.8048	0.7904	—
0.9	0.8495	0.8462	0.8411	0.8343	0.8269	0.8173	—
0.95	0.8505	0.8476	0.844	0.8404	0.8354	0.8315	—
1	0.8473	0.8451	0.843	0.84	0.8364	0.8314	—
1.05	0.8348	0.8363	0.8366	0.8356	0.8325	0.825	—

附录 2　涡轮特性图数据及存放规则

以第 2 章涡喷发动机涡轮特性图为例,介绍涡轮特性图数据及存放规则,涡轮特性包含在 Map 文件夹下的 "TurbMap.txt" 文件中,主要有以下内容。

1) 表示数据容量参数

在 "TurbMap.txt" 文件第一行中写入表示数据容量的参数,如 "5　　　20　　　2"。其中, "5" 表示涡轮特性图由 5 条换算转速线组成,"20" 表示每条换算转速线上有 20 个数据点,"2" 表示有 2 组特性图数据,分别代表流量和效率。

2) 涡轮换算转速

在 "TurbMap.txt" 文件第二行中写入表示涡轮换算转速的参数,如 "0.8　　　0.9　　　1 1.05　　　1.1" 从小到大排列的 5 个数据,代表涡轮 5 条换算转速线的数值。

3) 特性图落压比

第三部分数据代表涡轮特性图中的落压比数据,共包括 5 行数据,每一行数据代表一条涡轮换算转速线上的落压比数据,如附表 2.1 所示。

附表 2.1　涡轮特性图落压比数据

转速	涡轮落压比						
0.8	1.6484	1.7922	1.9361	2.0799	2.2238	2.3676	2.5115
0.9	1.6678	1.8188	1.9698	2.1208	2.2719	2.4229	2.5739
1	1.6909	1.8469	2.0029	2.1589	2.3149	2.471	2.627
1.05	1.7039	1.8616	2.0193	2.1769	2.3346	2.4923	2.65
1.1	1.7178	1.8766	2.0354	2.1942	2.353	2.5118	2.6706
转速	涡轮落压比						
0.8	2.6553	2.7991	2.943	3.0868	3.2307	3.3745	3.5184
0.9	2.7249	2.876	3.027	3.178	3.3291	3.4801	3.6311
1	2.783	2.939	3.095	3.251	3.407	3.563	3.719
1.05	2.8076	2.9653	3.123	3.2807	3.4383	3.596	3.7537
1.1	2.8294	2.9882	3.147	3.3058	3.4646	3.6234	3.7821
转速	涡轮落压比						
0.8	3.6622	3.806	3.9499	4.0937	4.2376	4.3814	—
0.9	3.7821	3.9332	4.0842	4.2352	4.3862	4.5373	—
1	3.875	4.0311	4.1871	4.3431	4.4991	4.6551	—
1.05	3.9114	4.069	4.2267	4.3844	4.5421	4.6998	—
1.1	3.9409	4.0997	4.2585	4.4173	4.5761	4.7349	

4) 特性图流量

第四部分数据代表涡轮特性图中的流量数据,共包括 5 行数据,每一行数据代表一条涡轮换算转速线上的流量数据,如附表 2.2 所示。

附表 2.2　涡轮特性图流量数据

转速	涡轮流量/(kg/s)						
0.8	29.7963	30.6471	31.3486	31.886	32.2442	32.4457	32.5705
0.9	29.7794	30.5799	31.2733	31.8114	32.1509	32.3562	32.4903
1	29.8261	30.602	31.2466	31.6994	32.0054	32.2293	32.3487
1.05	29.9378	30.6574	31.2522	31.6721	31.9627	32.1663	32.2803
1.1	30.0438	30.7159	31.2665	31.6513	31.9233	32.1099	32.2152
转速	涡轮流量/(kg/s)						
0.8	32.6323	32.6622	32.6696	32.6696	32.6696	32.6696	32.6696
0.9	32.5577	32.5801	32.5876	32.5876	32.5876	32.5876	32.5876
1	32.4191	32.4457	32.4532	32.4532	32.4532	32.4532	32.4532
1.05	32.3479	32.3756	32.3861	32.3878	32.3879	32.3895	32.3898
1.1	32.2816	32.3081	32.3209	32.3227	32.3226	32.3263	32.3263
转速	涡轮流量/(kg/s)						
0.8	32.6696	32.6696	32.6696	32.6696	32.6696	32.6696	—
0.9	32.5876	32.5876	32.5876	32.5876	32.5876	32.5876	—
1	32.4532	32.4532	32.4532	32.454	32.4532	32.4532	—
1.05	32.3898	32.3898	32.3899	32.3901	32.3898	32.3898	—
1.1	32.3263	32.3263	32.3263	32.3263	32.3263	32.3263	—

5) 特性图效率

第五部分数据代表涡轮特性图中的效率数据，共包括 5 行数据，每一行数据代表一条涡轮换算转速线上的效率数据，如附表 2.3 所示。

附表 2.3　涡轮特性图效率数据

转速	涡轮效率						
0.8	0.8428	0.8446	0.8462	0.8465	0.8458	0.8449	0.8428
0.9	0.854	0.8571	0.8603	0.8628	0.865	0.8667	0.8671
1	0.8553	0.8631	0.8698	0.876	0.8814	0.8855	0.8884
1.05	0.8598	0.8673	0.874	0.8802	0.8853	0.8891	0.8918
1.1	0.8606	0.8687	0.8751	0.8811	0.886	0.8894	0.8918
转速	涡轮效率						
0.8	0.8404	0.8368	0.8321	0.8272	0.821	0.8137	0.8046
0.9	0.8671	0.866	0.8634	0.8598	0.8549	0.8477	0.8394
1	0.8899	0.8901	0.8895	0.8872	0.8832	0.8775	0.8702
1.05	0.8935	0.8938	0.893	0.891	0.8877	0.8825	0.8758
1.1	0.8937	0.8941	0.8934	0.8918	0.8885	0.884	0.8774
转速	涡轮效率						
0.8	0.795	0.7834	0.7694	0.7547	0.7395	0.7249	—
0.9	0.8294	0.8179	0.8052	0.7905	0.7759	0.7608	—
1	0.8603	0.8493	0.8358	0.8217	0.8062	0.7911	—
1.05	0.8673	0.8571	0.8463	0.8338	0.8198	0.8058	—
1.1	0.87	0.8604	0.8493	0.8383	0.825	0.8109	—

附录 3　第 2 章习题压气机特性图数据

压气机特性需要放在 Map 文件夹下的 "CompMap.txt" 文件中，包含以下内容。

1) 表示数据容量参数

在 "CompMap.txt" 文件第一行中写入表示数据容量的参数，具体为 "10　　20　　2"，其中 "10" 表示压气机特性图由 10 条换算转速线组成，"20" 表示每条换算转速线上有 20

个数据点，"2"表示有 2 组特性图数据，分别代表流量和效率。

2) 压气机换算转速

在"CompMap.txt"文件第二行中写入表示压气机换算转速的参数，具体为"0.5   0.6   0.7   0.75   0.8   0.85   0.9   0.95   1   1.05"从小到大排列的 10 个数据，代表压气机 10 条换算转速线的数值。

3) 特性图压比

压气机特性图压比数据如附表 3.1 所示。

附表 3.1   压气机特性图压比数据

转速	压比					
0.5	2.4632	2.5732	2.6745	2.7712	2.8624	2.9479	3.0246
0.6	3.1599	3.3182	3.4709	3.6072	3.7351	3.8502	3.9558
0.7	4.3076	4.5415	4.7498	4.9478	5.1373	5.3071	5.4611
0.75	5.1239	5.3895	5.6504	5.8923	6.1216	6.3383	6.5360
0.8	6.1753	6.4851	6.7726	7.0541	7.3238	7.5756	7.8156
0.85	7.2002	7.5429	7.8835	8.2220	8.5550	8.8717	9.1891
0.9	8.2050	8.6003	8.9896	9.3775	9.7641	10.1432	10.5279
0.95	9.2763	9.7141	10.1510	10.5840	11.0159	11.4435	11.8696
1	10.2647	10.7463	11.2259	11.7032	12.1800	12.6543	13.1280
1.05	10.9903	11.4949	11.9973	12.4996	13.0015	13.5033	14.0042

转速	压比					
0.5	3.0975	3.1636	3.2213	3.2713	3.3162	3.3533	3.3877
0.6	4.0490	4.1387	4.2172	4.2847	4.3460	4.3957	4.4369
0.7	5.5984	5.7180	5.8191	5.9067	5.9832	6.0400	6.0787
0.75	6.7123	6.8686	7.0038	7.1167	7.2141	7.2878	7.3342
0.8	8.0395	8.2499	8.4427	8.6208	8.7674	8.8976	8.9853
0.85	9.4944	9.7816	10.0570	10.3122	10.5541	10.7579	10.9462
0.9	10.9002	11.2655	11.6286	11.9924	12.3358	12.6696	12.9799
0.95	12.2868	12.7042	13.1152	13.5205	13.9199	14.3049	14.6788
1	13.6012	14.0715	14.5411	15.0054	15.4663	15.9188	16.3625
1.05	14.5052	15.0058	15.5047	16.0029	16.5008	16.9967	17.4925

转速	压比					
0.5	3.4097	3.4279	3.4405	3.4484	3.4540	3.4555	—
0.6	4.4645	4.4831	4.4950	4.5001	4.4922	4.4774	—
0.7	6.1063	6.1232	6.1155	6.0986	6.0740	6.0538	—
0.75	7.3526	7.3518	7.3326	7.3058	7.2640	7.2204	—
0.8	9.0288	9.0351	9.0126	8.9326	8.8220	8.7263	—
0.85	11.0848	11.1972	11.2565	11.2079	11.0749	10.8829	—
0.9	13.2312	13.4342	13.5489	13.5709	13.5416	13.4085	—
0.95	15.0326	15.3653	15.6359	15.8639	16.0659	16.2122	—
1	16.7892	17.1978	17.5644	17.8946	18.2172	18.5181	—
1.05	17.9874	18.4808	18.9726	19.4638	19.9530	20.4405	—

4) 特性图流量

压气机特性图流量数据如附表 3.2 所示。

附表 3.2   压气机特性图流量数据

转速	压气机流量/(kg/s)					
0.5	9.3099	9.1714	9.0136	8.8542	8.6906	8.5221	8.3392
0.6	12.0711	11.9780	11.8749	11.7286	11.5689	11.3843	11.1865
0.7	15.9358	15.9058	15.8060	15.6863	15.5533	15.3803	15.1808
0.75	18.3420	18.2971	18.2439	18.1474	18.0277	17.8874	17.7134

续表

转速	压气机流量/(kg/s)						
0.8	21.1507	21.1058	21.0118	20.9112	20.7915	20.6418	20.4772
0.85	23.6497	23.5875	23.5253	23.4631	23.3940	23.2972	23.2077
0.9	25.9216	25.8917	25.8517	25.8118	25.7719	25.7207	25.6827
0.95	28.1873	28.1640	28.1407	28.1117	28.0825	28.0476	28.0123
1	30.1587	30.1520	30.1421	30.1288	30.1155	30.0988	30.0822
1.05	31.5434	31.5326	31.5185	31.5052	31.4919	31.4794	31.4661

转速	压气机流量/(kg/s)						
0.5	8.1594	7.9729	7.7757	7.5711	7.3664	7.1547	6.9493
0.6	10.9690	10.7574	10.5313	10.2918	10.0523	9.7996	9.5418
0.7	14.9546	14.7019	14.4225	14.1298	13.8299	13.5046	13.1587
0.75	17.5039	17.2644	16.9950	16.6957	16.3814	16.0372	15.6580
0.8	20.2902	20.0881	19.8636	19.6241	19.3397	19.0404	18.6812
0.85	23.1013	22.9682	22.8219	22.6490	22.4627	22.2232	21.9705
0.9	25.6253	25.5596	25.4938	25.4327	25.3429	25.2431	25.1134
0.95	27.9645	27.9196	27.8672	27.8090	27.7450	27.6635	27.5704
1	30.0656	30.0456	30.0257	29.9991	29.9691	29.9292	29.8793
1.05	31.4536	31.4413	31.4273	31.4129	31.3989	31.3829	31.3675

转速	压气机流量/(kg/s)						
0.5	6.7257	6.5062	6.2858	6.0672	5.8551	5.6456	—
0.6	9.2675	8.9881	8.7087	8.4293	8.1367	7.8440	—
0.7	12.8078	12.4530	12.0665	11.6800	11.2962	10.9370	—
0.75	15.2440	14.8130	14.3673	13.9269	13.4780	13.0439	—
0.8	18.2622	17.7982	17.3049	16.7356	16.1370	15.5832	—
0.85	21.6512	21.3053	20.8929	20.3342	19.6690	18.9373	—
0.9	24.9039	24.6345	24.2524	23.7565	23.2077	22.5359	—
0.95	27.4540	27.3143	27.0989	26.8370	26.5523	26.2084	—
1	29.8095	29.7197	29.5812	29.4037	29.2241	29.0259	—
1.05	31.3518	31.3348	31.3166	31.2986	31.2790	31.2582	

5) 特性图效率

压气机特性图效率数据如附表 3.3 所示。

附表 3.3　压气机特性图效率数据

转速	压气机效率						
0.5	0.6460	0.6633	0.6740	0.6813	0.6867	0.6907	0.6931
0.6	0.6624	0.6827	0.7020	0.7166	0.7282	0.7352	0.7391
0.7	0.7148	0.7384	0.7563	0.7702	0.7815	0.7890	0.7922
0.75	0.7496	0.7679	0.7833	0.7944	0.8038	0.8102	0.8140
0.8	0.7859	0.7999	0.8111	0.8193	0.8253	0.8302	0.8339
0.85	0.8081	0.8158	0.8220	0.8279	0.8336	0.8380	0.8424
0.9	0.8098	0.8198	0.8285	0.8349	0.8400	0.8446	0.8486
0.95	0.8069	0.8171	0.8254	0.8328	0.8388	0.8443	0.8486
1	0.7899	0.8031	0.8142	0.8236	0.8310	0.8378	0.8426
1.05	0.7664	0.7736	0.7816	0.7882	0.7955	0.8017	0.8072

转速	压气机效率						
0.5	0.6945	0.6954	0.6956	0.6949	0.6932	0.6898	0.6855
0.6	0.7409	0.7406	0.7396	0.7369	0.7327	0.7280	0.7218
0.7	0.7941	0.7937	0.7910	0.7875	0.7822	0.7759	0.7680
0.75	0.8159	0.8164	0.8154	0.8135	0.8105	0.8060	0.7996
0.8	0.8363	0.8379	0.8383	0.8377	0.8361	0.8329	0.8272
0.85	0.8461	0.8485	0.8496	0.8497	0.8490	0.8470	0.8442
0.9	0.8517	0.8539	0.8556	0.8562	0.8556	0.8544	0.8526

续表

转速	压气机效率						
0.95	0.8519	0.8545	0.8559	0.8563	0.8560	0.8548	0.8529
1	0.8457	0.8482	0.8493	0.8500	0.8500	0.8497	0.8487
1.05	0.8126	0.8170	0.8209	0.8246	0.8278	0.8307	0.8329

转速	压气机效率						
0.5	0.6791	0.6727	0.6657	0.6589	0.6524	0.6461	—
0.6	0.7146	0.7065	0.6978	0.6889	0.6786	0.6693	—
0.7	0.7594	0.7506	0.7397	0.7281	0.7166	0.7069	—
0.75	0.7914	0.7818	0.7706	0.7595	0.7471	0.7347	—
0.8	0.8187	0.8087	0.7971	0.7839	0.7706	0.7580	—
0.85	0.8400	0.8351	0.8281	0.8180	0.8048	0.7904	—
0.9	0.8495	0.8462	0.8411	0.8343	0.8269	0.8173	—
0.95	0.8505	0.8476	0.8440	0.8404	0.8354	0.8315	—
1	0.8473	0.8451	0.8430	0.8400	0.8364	0.8314	—
1.05	0.8348	0.8363	0.8366	0.8356	0.8325	0.8250	—

附录 4   第 2 章习题涡轮特性图数据

涡轮特性需放在 Map 文件夹下的 "TurbMap.txt" 文件中，主要包含以下内容。

1) 表示数据容量参数

在 "TurbMap.txt" 文件第一行中写入表示数据容量的参数，具体为 "5   20   2"，其中 "5" 表示涡轮特性图由 5 条换算转速线组成，"20" 表示每条换算转速线上有 20 个数据点，"2" 表示有 2 组特性图数据，分别代表流量和效率。

2) 涡轮换算转速

在 "TurbMap.txt" 文件第二行中写入表示涡轮换算转速的参数，具体为 "0.8   0.9   1   1.05   1.1" 从小到大排列的 5 的数据，代表涡轮 5 条换算转速线的数值。

3) 特性图落压比

涡轮特性图落压比数据如附表 4.1 所示。

附表 4.1   涡轮特性图落压比数据

转速	涡轮落压比						
0.8	1.3975	1.5111	1.6247	1.7383	1.8519	1.9655	2.0791
0.9	1.4119	1.5248	1.6376	1.7505	1.8633	1.9761	2.0890
1	1.4292	1.5412	1.6531	1.7650	1.8769	1.9889	2.1008
1.05	1.4389	1.5504	1.6618	1.7732	1.8846	1.9960	2.1074
1.1	1.4493	1.5602	1.6711	1.7820	1.8928	2.0037	2.1146

转速	涡轮落压比						
0.8	2.1927	2.3063	2.4199	2.5335	2.6471	2.7607	2.8743
0.9	2.2018	2.3147	2.4275	2.5403	2.6532	2.7660	2.8788
1	2.2127	2.3247	2.4366	2.5485	2.6605	2.7724	2.8843
1.05	2.2189	2.3303	2.4417	2.5531	2.6645	2.7760	2.8874
1.1	2.2254	2.3363	2.4472	2.5581	2.6689	2.7798	2.8907

转速	涡轮落压比						
0.8	2.9879	3.1015	3.2151	3.3287	3.4423	3.5559	—
0.9	2.9917	3.1045	3.2174	3.3302	3.4430	3.5559	—
1	2.9962	3.1082	3.2201	3.3320	3.4440	3.5559	—
1.05	2.9988	3.1102	3.2216	3.3330	3.4445	3.5559	—
1.1	3.0015	3.1124	3.2233	3.3341	3.4450	3.5559	—

4) 特性图流量

涡轮特性图流量数据如附表 4.2 所示。

附表 4.2　涡轮特性图流量数据

转速	涡轮流量/(kg/s)						
0.8	28.2968	29.1048	29.7710	30.2813	30.6215	30.8129	30.9314
0.9	28.2807	29.0410	29.6995	30.2105	30.5329	30.7279	30.8552
1	28.3251	29.0619	29.6741	30.1041	30.3947	30.6074	30.7208
1.05	28.4312	29.1145	29.6795	30.0782	30.3542	30.5475	30.6558
1.1	28.5319	29.1701	29.6930	30.0585	30.3168	30.4940	30.5940

转速	涡轮流量/(kg/s)						
0.8	30.9901	31.0185	31.0255	31.0255	31.0255	31.0255	31.0255
0.9	30.9192	30.9405	30.9476	30.9476	30.9476	30.9476	30.9476
1	30.7877	30.8129	30.8200	30.8200	30.8200	30.8200	30.8200
1.05	30.7200	30.7463	30.7562	30.7579	30.7580	30.7595	30.7598
1.1	30.6570	30.6822	30.6943	30.6960	30.6960	30.6995	30.6995

转速	涡轮流量/(kg/s)						
0.8	31.0255	31.0255	31.0255	31.0255	31.0255	31.0255	—
0.9	30.9476	30.9476	30.9476	30.9476	30.9476	30.9476	—
1	30.8200	30.8200	30.8200	30.8200	30.8200	30.8200	—
1.05	30.7598	30.7598	30.7599	30.7600	30.7598	30.7598	—
1.1	30.6995	30.6995	30.6995	30.6995	30.6995	30.6995	—

5) 特性图效率

涡轮特性图效率数据如附表 4.3 所示。

附表 4.3　涡轮特性图效率数据

转速	涡轮效率						
0.8	0.8626	0.8644	0.8661	0.8663	0.8657	0.8647	0.8626
0.9	0.8740	0.8772	0.8805	0.8830	0.8853	0.8870	0.8875
1	0.8753	0.8833	0.8902	0.8965	0.9020	0.9063	0.9092
1.05	0.8800	0.8876	0.8945	0.9008	0.9061	0.9100	0.9127
1.1	0.8808	0.8891	0.8956	0.9018	0.9067	0.9102	0.9127

转速	涡轮效率						
0.8	0.8601	0.8564	0.8517	0.8466	0.8402	0.8328	0.8235
0.9	0.8875	0.8863	0.8836	0.8800	0.8750	0.8676	0.8591
1	0.9108	0.9110	0.9104	0.9080	0.9039	0.8981	0.8906
1.05	0.9144	0.9147	0.9140	0.9119	0.9086	0.9032	0.8963
1.1	0.9147	0.9150	0.9143	0.9127	0.9093	0.9048	0.8980

转速	涡轮效率						
0.8	0.8137	0.8017	0.7874	0.7724	0.7568	0.7419	—
0.9	0.8489	0.8370	0.8241	0.8091	0.7941	0.7786	—
1	0.8805	0.8692	0.8554	0.8410	0.8251	0.8096	—
1.05	0.8877	0.8772	0.8662	0.8534	0.8390	0.8247	—
1.1	0.8904	0.8805	0.8693	0.8580	0.8444	0.8299	—

附录 5　串口发送与接收程序

程序 1：串口发送程序

```
Comm1 = serial('COM4');
Comm1.InputBufferSize = 1024;
```

```
Comm1.OutputBufferSize = 1024;
Comm1.Timeout = 1;
Comm1.baudrate = 9600;
Comm1.DataBits = 8;
Comm1.StopBits = 1;
Comm1.Parity = 'none';
fopen(Comm1);
for i=1:20
  fwrite(Comm1, i);
  pause(1);
end
fclose(Comm1);
delete(Comm1);
```

程序 2：串口接收程序

```
function varargout = receipt(varargin)
gui_Singleton = 1;
gui_State = struct('gui_Name', mfilename, 'gui_Singleton', gui_
    Singleton,
  'gui_OpeningFcn', @receipt_OpeningFcn, 'gui_OutputFcn',
  @receipt_OutputFcn, 'gui_LayoutFcn', [] , 'gui_Callback', []);
if nargin && ischar(varargin{1})
  gui_State.gui_Callback = str2func(varargin{1});
end
if nargout
  [varargout{1:nargout}] = gui_mainfcn(gui_State, varargin{:});
else
  gui_mainfcn(gui_State, varargin{:});
end
end
% --- Executes just before receipt is made visible.
```

程序 3：串口接收程序打开端口函数

```
function receipt_OpeningFcn(hObject, eventdata, handles, varargin
    )
global var;
var = 0;
global Comm1;
Comm1 = serial('COM3');
```

```matlab
Comm1.InputBufferSize = 256;
Comm1.OutputBufferSize = 256;
Comm1.Timeout = 1;
Comm1.baudrate = 9600;
Comm1.DataBits = 8;
Comm1.StopBits = 1;
Comm1.Parity = 'none';
Comm1.BytesAvailableFcnMode = 'byte';
Comm1.BytesAvailableFcnCount = 1;
Comm1.BytesAvailableFcn = @receiving;
fopen(Comm1);
global Timer1;
Timer1 = timer('StartDelay', 1, 'TimerFcn', {@timerFcn, handles},
  'Period', 1, 'ExecutionMode', 'fixedRate');
start(Timer1)
% Choose default command line output for receipt
handles.output = hObject;
% Update handles structure
guidata(hObject, handles);
end
% UIWAIT makes receipt wait for user response (see UIRESUME)
% uiwait(handles.window);

% --- Outputs from this function are returned to the command line
```

　程序 4：串口接收程序输出函数

```matlab
function varargout = receipt_OutputFcn(hObject, eventdata,
  handles)
  varargout{1} = handles.output;
end
```

　程序 5：串口接收程序编辑控件回调函数

```matlab
function edit1_Callback(hObject, eventdata, handles)
end
```

　程序 6：串口接收程序编辑控件创建函数

```matlab
% --- Executes during object creation, after setting all
  properties.
```

```matlab
function edit1_CreateFcn(hObject, eventdata, handles)
if ispc && isequal(get(hObject, 'BackgroundColor'),
  get(0,'defaultUicontrolBackgroundColor'))
  set(hObject,'BackgroundColor','white');
end
end
```

程序 7：串口接收程序接收函数

```matlab
function receiving(obj, event)
global var;
var = fread(obj, 1, 'uint8');
end
```

程序 8：串口接收程序定时器回调函数

```matlab
function timerFcn(hObject, eventdata, handles)
global var;
set(handles.edit1, 'string', num2str(var));
end
```

程序 9：串口接收程序清除对象函数

```matlab
% --- Executes during object deletion, before destroying
    properties.
function window_DeleteFcn(hObject, eventdata, handles)
global Comm1;
fclose(Comm1);
delete(Comm1);
end
```